摩西◎著

北京大学出版社
PEKING UNIVERSITY PRESS

内 容 提 要

本书旨在在软件绘制思维导图和传统博赞思维导图的基础上，研发、创立、融合出一种全新的手绘思维导图方法，主张用更丰富的样式、更多维的分析角度，引导学习者主动去发现、去探究、去关联万千世界，从而带给自己更多创意、更多知识、更开阔的视野。

本书分为六部分："手绘神器"主要介绍了创新思维导图、软件制图和传统博赞思维导图的不同之处，并呈现了一些商业"大咖"的实际手绘作品和作者自己的一些实创案例；"绘制技巧与工具"主要介绍了传统博赞思维导图的成图原理、绘制方法与绘制工具；"创新思维"主要介绍了创新思维的特点和百般变化的样式；"思维训练"主要涉及一些拓展思维、开拓视野的好方法；"搞定工作"主要介绍了创新思维导图在多个工作场景中的应用和创新；"玩转学习"主要介绍了书与人的紧密关系，并创新地应用思维导图来解读文章、书籍、讲座及一切和知识有关的内容。

本书文字叙述浅显易懂，例图简约好读，方法清晰实用。无论是校园里热心求知的年轻学生，还是职场中压力如山的白领，抑或潜心研究的研究者、育儿的宝妈，只要是热爱思考的读者，都适合阅读本书。

图书在版编目(CIP)数据

摩西带你玩转思维导图 / 摩西著. — 北京：北京大学出版社，2018.11
ISBN 978-7-301-29939-5

Ⅰ.①摩… Ⅱ.①摩… Ⅲ.①思维方法—通俗读物 Ⅳ.①B80-49

中国版本图书馆CIP数据核字(2018)第224370号

书　　　名	摩西带你玩转思维导图 MOXI DAI NI WAN ZHUAN SIWEI DAOTU
著作责任者	摩　西　著
责任编辑	吴晓月
标准书号	ISBN 978-7-301-29939-5
出版发行	北京大学出版社
地　　　址	北京市海淀区成府路205号　100871
网　　　址	http://www.pup.cn　　新浪微博：@北京大学出版社
电子信箱	pup7@pup.cn
电　　　话	邮购部 010-62752015　发行部 010-62750672　编辑部 010-62570390
印　刷　者	北京大学印刷厂
经　销　者	新华书店
	720毫米×1020毫米　16开本　15.5印张　237千字 2018年11月第1版　2018年11月第1次印刷
印　　　数	1-10000册
定　　　价	68.00元

未经许可，不得以任何方式复制或抄袭本书之部分或全部内容。
版权所有，侵权必究
举报电话：010-62752024　电子信箱：fd@pup.pku.edu.cn
图书如有印装质量问题，请与出版部联系。电话：010-62756370

推荐《摩西带你玩转思维导图》的 10 个理由

我同摩西老师是老朋友了,他是"罗辑思维"最早的一批会员之一,在万千罗友中死磕思维导图,分享知识,帮助很多人提升了思维能力。欣闻他的新书《摩西带你玩转思维导图》即将由北京大学出版社出版,我整理了 10 个理由,特推荐之。

1. 图不惊人死不休

摩西老师本职是做管理咨询的,在高端教育培训行业有着多年培训经验。他同时还是个孜孜不倦的学习者、知识分享达人。我曾问过他的心得体会,和我早期的还颇有些相似。我是将一段知识理解、消化、吸收后,用自己的语言讲给别人听。而他呢,是将一段知识消化、吸收之后,抽取其精华,梳理其逻辑关系,画给别人看。这和每天都要精心准备,录制多遍的"罗辑思维"栏目"语音60秒"类似,同样需要对讲述文稿的拿捏、对一幅图的打磨做到"不惊人死不休"。

2. 简约的表述

思维导图又称脑图、心智图等,是一种很好的思维训练工具。摩西老师所绘的创新思维导图与传统博赞式思维导图有所不同,它的文字更简约,视觉冲击力更强,并且图文并茂,内容呈现与逻辑关系兼具。印象颇深的有这么一幅图——

"《学会花钱》解读思维导图",摩西老师将野口真人描述的三种钱包(消费钱包、投机钱包、投资钱包)由下到上一一绘出,中间是串起来的一大摞鲜红的铜钱。分向两边的箭头就像两条坚实的手臂,层层托举出了花钱的方法和投资的诀窍。精彩的思维导图配合解读的音频与文稿,给人留下了极深的印象,远非单纯的文字能比。(扫描左侧二维码观看)

3. 创新在路上

郑也夫先生在他的《文明是副产品》一书中重点讲了创新,里面包括从 0 到 1 颠覆式的"发明",古为今用、洋为中用的"转借",像风投撒钱一样的"给予",像万达 Shopping Mall(购物广场)一样的多物种"杂交"和像人与小麦之间的彼此"驯化"。这些统统是创新,也都影响了摩西。他为了挑战自己,逃离创作的舒适区,建立学习的上升螺旋,每画一张图,都采用全新的造型,切换不同的解读角度。创作过程虽痛苦,但无疑建立起了"摩西脑图"的独特风格,外形更吸睛,达意更到位。我欣赏摩西老师的创新精神!

4. 学习的 100 种方式

学习的方式很多,万千世界,万物互联,每天都有海量信息向我们涌来,而我们也要学会用更多的方式来接收,来学习。教室里听老师讲课是一种学习,自己抱着书本自学就厉害了。当然,和朋友天南海北地聊天,和同事热切地讨论,甚至和意见相左的人争论,这些也是学习。对了,还有听知识"大咖"的音频专栏和讲座;如果高兴,自己也可以办个场子讲上一段,这些还是学习。要想加深对知识的理解,画思维导图绝对是另一种很好的学习方式,摩西老师给我们树立了一个榜样!

5. 向牛人学习

摩西老师绘图时,上伸、下延、关联、对照,总有无数个想法和知识点摆在那里。问他这些源源不断的素材来自何处,他说,平时的积累使他受益良多。"得到"的"大咖"专栏,他至少订阅了 10 个,每天都要听。还有喜马拉雅 FM 上的"杂知识",吴晓波老师的"财经知识",以前的"冬吴相对论"和现在的"冬吴同学会",更是每隔几天就要复盘一下。每天开车时、跑步时、做家务时都要听,甚至有时听着听着就睡着了，手机中的音频一直播到天明。这种每时每刻都在学习的状态，也许就是古人所说的"三上"之法吧。你问"三上"是什么意思，我不告诉你是"马上、枕上、厕上"。平时知识的积累，你看有多重要。

6. 死磕路漫长

死磕说白了就是坚持，说出来好听，做起来极难，但坚持下来的人都是受益者。当然，还有很多和我一样的同路人。记得三四年前"罗辑思维"会员群里有很多罗友，都发愿随我死磕知识和技能，有每天拍照的，有每天坚持写诗文的，还有每天刻小人儿、捏小兽的。但时间维度一拉长，很多人都散去了，为什么呢？太难了。如果中间连续三天不做，就极有可能前功尽弃。坚持下来的罗友中，摩西是比较精彩的一个。他每天都画，用思维导图解读"得到"上的经典文章，并乐此不疲，而且还把这些总结出来的方法汇集成课程，进行线上、线下分享，带领万千人进入其中，高效工作，快乐学习。渐渐地，影响力也越来越大，真为他高兴。

7. 合作中的不断创新

从 2015 年开始，摩西老师用思维导图解读我每天的"语音 60 秒"，方式新颖，观者甚众。后来"得到"APP 上线，"每天听本书"栏目应运而生，将新颖的解读思维导图附在经典的解读文稿里呈现给读者，不也是另一种知识再造的形式吗？于是，世界上独一无二的以精编文稿＋音频播讲＋解读思维导图为呈现形式的"每天听本书"上线了。这种全新的尝试让读者在任何方便的时间，都可以打开手机收听音频，还可以看到名家精心打磨的文稿和极具创新又有知识引导意义的手绘思维导图，这种多维度的知识获取方式远胜于单独的阅读。合作过程中，摩西团队也在发展壮大，从最初的单枪匹马，到渐渐有了几十人的专业队伍。他们中的佼佼者，也陆续加入"每天听本书"思维导图的解读团队中来，用创新多变的思维导图影响着越来越多的知识爱好者。

8. 突破盲维

知识大神吴伯凡是"得到"APP 的专栏作者之一。早年的"冬吴相对论"开启知识对谈的先河，国内很多类似栏目都深受其影响。吴老也是个深度学习者，不断地获取新知，不断地和过往知识融会贯通，并创生出令人惊艳的理论。我们知道的"颠覆式创新""竹林效应"等经典理论都源于吴老对经济与生活的独特理解。今天又有一个理论被生成了，就是"盲维"。人的视觉有盲点，行车时观察四周会有盲区。如果在整个知识维度上缺乏理解，混沌无知，那就是处在盲维状态。盲维很可怕，但如果突破了盲维，你的认知疆域就会被拓宽，你对世界的理解就会更清晰，更具前瞻性。就像东晋"竹林七贤"之一的王戎和小伙伴路遇硕果累累的李子树，其他小伙伴争相去摘，而他却不摘，因为他认为，树在道旁而多果实，果实必定是苦的，事实也的确如此。我觉得思维导图工具也是这样，通过视觉化的呈现，让眼前的信息瞬间明朗：三圈相交的韦恩图，你看罢就会得出答案；层层递进的鱼骨图，结果也不言而喻。总之，清晰的图示，清晰的呈现，让我们能够突破盲维。

9. 非线性成长

很多人的成长都是线性的、按部就班的，从一点到另一点，从一个单位到另一个单位，从一个知识到另一个知识。学会发散思考，理解了思维导图，就不一样了。它可以多次幂的外散，可以逐级延伸，还可以不断升级。就像从甲地到乙地，原来就是直来直去，但思维无限发散后就会有更多方法：绕个圈也可以抵达；蹦到空中，再下落也可以抵达；可以走路去，骑车去，驾车去，冬天道路结冰还可以溜过去。总之，一个问题可以有100个答案，培养起这样的思维方式和成长方式，你会受益良多。

10. 超级学习力

新的时代孕育了更多的机会，新的网络带来了更多的可能，我们不是过去的"财主"，但有"秀才"讲书给我们听；我们手里的时间不富裕，但有人给我们精简思路，提炼精华。我们是时代的宠儿，只要你想学习，身边就会有人帮助你。网络无穷大，知识无穷尽，用创新思维的方法，善于从身边场景中发现，善于和同伴交流中产生，善于用多种方法武装自己。超级学习力，就在你身边。在不同的场景下，多元发散，引爆连接，唤醒过往的知识，并互联互通。即便手头没有书本，旁边没人交流，自己也可以利用身边的事物触发联想，学习更多知识。说得有点玄了，读者还是亲自打开本书，一探究竟吧！

10个理由推荐完，神清气爽，建议大家深度体验，看书，完成作业，分享交流，不断进步。

罗辑思维　**罗振宇**

从自由到成长——摩西死磕创新思维导图之路

我是摩西（Moses）。我不是希伯来人的上神，也没有带民众杖分红海，出走埃及；我也不是那个国外天才画家摩西老奶奶，75 岁入行，80 岁办画展，尔后名扬天下；当然，我更不是日本人打电话时常说的"摩西（喂）、摩西（喂）"。我就是我，一个普通的教育从业者，一个资深的管理咨询师，一个铁杆"罗粉"，一个死磕创新思维导图、至今还在路上的"小学生"。

我从 2006 年开始接触思维导图软件，2014 年初试手绘。2015 年 1 月 1 日开始，我发愿每天用思维导图解读文章，死磕"语音 60 秒"，一直坚持至今，从未间断。十余年来，通过纵横学习和总结提炼，偶有心得，借北京大学出版社这个平台成书给大家，做简单分享，如读者能从中获益一二，我也就心满意足了。

从自由到成长，以自我学习思维导图的经历为序言，作为此书的开篇。

从"毛毛熊"到"思维涂鸦"

2006 年，我入职国内一家知名的教育机构，由于工作之需，在同事的引领下开始接触思维导图软件。软件的名字特别"萌",被他们戏称为"毛毛熊"(MindManager)。版本为纯英文版,我最初不太懂,但上手很快。思维导图软件功能强大,令人的思维能放能收,百千创意,展开自如。我无论是整理笔记还是策划项目,用起来都得心应手。

2013年,我转职到另外一家教育集团做管理,有一位武汉公司的同事来北京分享经验,其中谈到了手绘思维导图。相比于思维导图软件,手绘思维导图虽然上手稍显复杂,但成图速度更快,变化更丰富,形式自由如天马行空,不受羁绊。初次落笔的那一刻,我就被它彻底征服,心想,今后工作就靠它了!

2014年年初,我和三五知己在一起成立了一家小微公司,用我们的经验和智慧为更多的教育培训机构提供咨询与策划。也是从那时起,思维导图在我手里从一件全能的工具变成一件称手的兵器。在疾驰的高铁上,在嘈杂的中餐厅,不管手头是精致的软皮本,还是随手拈来的书的空白处或餐巾纸,都画满了我随时迸发的灵感,写满了我呈给客户的方案。图,画得越来越成熟;项目,也进行得越来越顺利,我的管理咨询工作渐入佳境。

发愿死磕

2013年年底,我开始接触"罗辑思维",初觉没什么,不就是一个歪嘴的胖子每天60秒,读书给大家听吗?随着时间的推移,它给我的震撼却越来越强大。最令人震撼的是2014年大年初一,万家欢乐、吃肉喝酒的时候,其语音仍一如往常,如期而至,60秒,一秒不多,一秒不少。从那个时刻开始,我觉得要做点儿什么了。

60秒时间有限,为了说更多的内容,罗胖儿语速必须得快,所以很多时候,听众很难抓取其全部的信息。另外,后面关键字链接的文章多是智囊团精挑细选的,涉及经济、文化、科技、教育等方方面面,内容丰富,很多也出自大师笔下,如果粗览,很难得其精华。

于是,我心生一法,能不能用思维导图——我最常用的"思维涂鸦"的形式来解读语音、分析文章呢?在知识碎片化的互联网时代,人们都行色匆匆,如果有更快捷、更通透、更好理解的图文信息是不是更好呢?

找个时间节点吧,2015 年 1 月 1 日,在罗胖儿的影响下,我也开始走上创新思维导图的"死磕之路"。

收获与前行

我每天的创作过程是这样的:听语音 3~5 遍,如果信息量大,会反复听,然后看链接的文章,也会看 3~5 遍。如果我的知识储备不足了,会向朋友请教,会在网上查询相关知识。然后开始画草图,也是 3~5 遍,最后要出正式文稿时,便会在 A4 白纸上绘制。文字用钢笔,图形用彩铅,一遍成型的时候极少,最多的时候连画了 10 稿都不满意,即使是最后发到微信朋友圈里的"终稿",还是像爱因斯坦的第三只"小板凳"一样,带着些许遗憾。

每过一段时间,我便复盘一下之前的作品,有些还真是接近我当初的宏愿:站在大师的肩膀上看世界,三分钟读懂经济、文化、生活。一些文章经过我的理解,融合再造之后焕发了新的生命力,在读者的碎片化时间里帮助他们更好、更快地理解文章,甚至有些朋友将他们喜欢的思维导图在自己的朋友圈转发分享,传播给更多的人。

后来,我结识了更多朋友,在微信上也成立了思维导图的交流分享基地——"脑图公会"。再后来,应很多网友学习的需求,于线上、线下开展了"摩西脑图"精训班,我发现其中基础好的、理解力更为透彻的学友画的图比我的还棒。

我的"死磕"越来越有力量,我培养起来的学员也越来越多,在行业中的影响力也越来越大。2016 年下半年,"罗辑思维"推出知识平台"得到",我也受邀成为其中核心栏目"每天听本书"的独家思维导图供稿人。两年多来,我带领

3

着我的小伙伴绘制了数千张解读思维导图，在"得到"平台的推送下，在互联网上传播开来，影响着更多的求知者。

　　成绩微薄，目标在前，知道路途很远，但好在方向肯定没错，在这里只想印证一句话："做一件有价值的事，坚持做，然后等待时间的回报。"

做时间的朋友　**摩西**

第一章

手绘神器 /1

第一节　一个神秘的工具 /1
第二节　很多人都是从软件开始的 /6
第三节　手绘是自由的 /11
第四节　没有美术基础可以学吗 /16
第五节　一些"大咖"的思维导图 /21
第六节　摩西老师自己绘的图 /26

自测 练习 /31
案例 欣赏 /32

第二章

绘制技巧与工具 /35

第一节　两种思维方式的比较 /35
第二节　发散式思维到底像什么 /38
第三节　"高大上"的曼陀罗思考法 /41

第四节　发散式思维练习 /46

第五节　聚合式思维练习 /49

第六节　形成思维导图 /51

第七节　麦肯锡思维金字塔 /54

第八节　你已经会画思维导图了，不是吗 /57

第九节　思维导图的结构 /59

第十节　绘画工具 /63

自测 练习 /68

案例 欣赏 /73

第三章

创新思维 /76

第一节　自由的思维 /76

第二节　思维导图随手画 /78

第三节　思维导图随心画 /82

第四节　创新思维的形成 /86

第五节　创新思维的 100 种样式 /89

自测 练习 /92

案例 欣赏 /92

第四章

思维训练 /96

第一节　信息意识流：圆圈图 /96

第二节　发散式思维标准型：气泡图 /99

第三节　两种事物的对比分析：双重对照图 /100

第四节　事物之间的多重因果关系：因果分析图 /105

第五节　五感即世界：五感分析图 /113

第六节 多维分析法：5W1H 分析法 /116

第七节 联想的力量：联想关联 /122

第八节 锁定关系：锚点关联 /124

第九节 一点即世界：原点引爆 /128

第十节 知识的反向设计：疯狂填字 /132

第十一节 条条大路通罗马：成语接龙 /136

第十二节 图形图像：视觉锤 /139

第十三节 图文释义：看图猜成语 /143

第十四节 思维聚焦训练：舒尔特图表法 /146

自测 练习 /147

案例 欣赏 /148

第五章

搞定工作 /152

第一节 效率之法：时间管理 /152

第二节 打破思维的定式：六顶思考帽 /160

第三节 主体思想：形象思维导图 /162

第四节 综合分析：SWOT 分析 /164

第五节 从整体到局部：项目策划 /168

第六节 计划与总结 /171

第七节 有准备就有结果：高效会议 /173

第八节 从开始到结束：流程图 /176

第九节 规范严谨：甘特图 /180

第十节 时空的停顿：时间轴和空间轴 /182

第十一节 一看皆明：柱形图和饼形图 /183

第十二节 层层递进：鱼骨图 /186

第十三节 区块分类：象限图 /190

第十四节　思维无定式：自由思维导图 /192

第十五节　寻找内在关系：关联思维导图 /195

第十六节　越简单越复杂：思维简图 /196

自测 练习 /199

案例 欣赏 /200

第六章

玩转学习 /204

第一节　思维导图做笔记 /204

第二节　思维导图解读知识 /209

第三节　思维导图解读文章 /213

第四节　用思维导图拆书 /220

第五节　用思维导图解读音频、视频 /226

自测 练习 /230

案例 欣赏 /231

后记 /234

第一章

手绘神器

第一节 一个神秘的工具

1. 传说中万能的"神器"

现在大城市的公司和学校里,不知道思维导图的人可能真的不多了。移动互联网的发展大大提升了它的名气及其扩散的速度。当然,不仅知道,其中还有相当一部分人坐在计算机面前或者拿出纸笔,立刻就能给你绘出一幅思维导图来,结构工整,内容丰富,让人眼花缭乱。这里面有公司的白领,也有学校的老师,甚至还有在家带孩子的宝妈。不管是刚刚接触还是已经成为绘图高手,在自己的作品面前,他们都会自信满满。不过,如果仔细观察,也会发现一些奇怪之处,因为思维导图在应用和传播的过程中,被推上了两条截然不同的路。

一条路是:它真的好神奇,什么都可以做,列计划、写总结、记笔记、整理PPT、安排时间、商业分析、统计资料、解剖性格、分析人物、解读大公司及高科技,等等,它简直就是一个无所不能的办公和学习"神器"!

下图所示为一幅思维导图大师的作品。

思维导图大师作品

另一条路则相反：它也不过如此，我不到半小时就画完了，上手真的很快，特别是用软件。文字我自己输入，造型和线条软件中有预设，自动就会出来。就是变化太少了，无论绘制什么内容都像是一个模子刻出来的。手绘的也好不到哪里去，远瞧近观，总觉得像"八爪鱼"。旁边的朋友也一样，我们的作品放在一起，一点儿区别也没有。这就很纳闷儿了，他的画分明是"曲别针的一万种用法"，而我画的是朱自清的"荷塘月色"，这风马牛不相及的事物怎么可能都用同一种展示方式呢？更别说"如何做好一碗京味儿打卤面了"。没有先后顺序和统筹安排，我倒要看看你怎么做。

下图是软件 A 图。

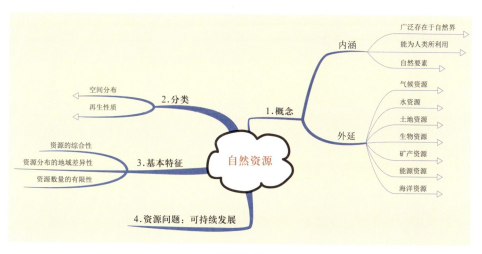

软件 A 图

下图是软件 B 图。

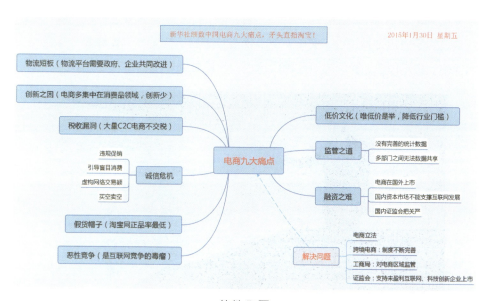

软件 B 图

事实真的如此吗？神器真的很神还是只不过是可以被生硬套用的模板？手绘和软件有什么不同？再好看的图，看久了，难道不会产生审美疲劳？有没有形式和内容上更创新的思维导图？

带着这些问题，我们不妨放眼四处观望，从国外到国内，从世界500强到初创的小微企业，从商业"大咖"到幼儿园里刚学会涂鸦的小朋友……不同领域对思维导图的应用，会让你耳目一新。也许一路看下来，不出半小时，就会找到答案，并发现其中的奥妙所在。

2. 省钱又高效

如果你在网上搜索思维导图，瞬间就有大量信息跳出来，其中一条便是：世界500强波音公司早年间应用思维导图工具来设计飞机，不仅节省了大量时间（大概有六个月），而且节省了大量的资金（足足有1000万美元）。

专家小组、研发团队利用快捷工具"思维导图"打通了问题关键点，梳理了核心流程，弯道超车，省时省钱完成项目，简捷高效。在几十年前思维导图就有如此实用的功能，不得不令人赞叹。

网传的当时波音工程师在进行研发时创作的思维导图原始稿有25英尺长，折合成国际通用计量单位，有七八米，而且比较宽，完全展开就像是一幅巨型山水横轴。只不过它上面画的不是青山绿水，而是思维导图，如下图所示。

波音飞机公司的思维导图

另外，思维导图的画面其实很"素"，没有任何"炫技"的成分，常用的飞机零件和三维结构也没有，只有一条条抛引出来的线，一个个清晰标注的文字和它们之间形成的一组组清晰的逻辑关系。

网传的图片没有那么清晰，但即便我们是外行人，看到那样的设计思维导图，也会觉得高科技的研发有事实，有推理，有根据，这样认真地去研发产品的态度，靠谱。

3. 世界"500 强"都在用

思维导图的来头可真不小，自它诞生之日起，就得到世界知名大公司的青睐。而且你所知道的世界 500 强公司几乎都在用。有传统的制造公司，如上面讲过的波音公司，也有现代高科技企业，如谷歌。

谷歌公司很多部门都有专属的"思维导图墙"，相较于我们办公桌上的图稿，它称得上是硕大无比，如下图所示。网上流传的图片虽然不是很清楚，但看样式、观内容，应该不是一个人完成的，而是来自集体的力量。整体内容虽然系统、规整，但还是能看出不同参与者的个人风格。相比波音公司的工程师的思维导图，它的样式活泼了，内容也丰富了。它不仅有主题图，有枝干，有脉络，有文字，也有清晰、形象的辅助小图和外围的标注。其中，间或出现的便利贴应该是补充或着重强调的各种注释，为的是让整幅图看起来更完善、更实用。

谷歌公司的思维导图墙

不过和波音公司的思维导图一样，谷歌的思维导图内容之间的彼此关系呈现得也很清楚。设想一下，公司团队正在攻坚一个复杂的项目，负责人带头先在大白纸上描绘出了主干，大家再分头讨论，集思广益，逐枝细化，把一个个可能出现的问题，一个个可能操作的方案都补充在这个大图上。另外，将各分项之间或并列、或顺承、或分开后再聚合的种种关系也都清清楚楚地呈现在图中，你说，这个方案能不完善吗？

大公司之所以规模庞大、技术垄断、发展高效，这和它们使用最先进的工具和方法不无关系。我认为，诞生于 20 世纪的思维导图功不可没。

第二节　很多人都是从软件开始的

1. 从"毛毛熊"到"XMind"

很多人了解和学习思维导图都是从接触思维导图软件开始的，我也不例外。工作之初，我刚入职国内一家知名的教育机构，由于工作之需，在同事的引领下开始接触思维导图软件，软件的名字特别"萌"，被他们称为"毛毛熊"（MindManager）。我使用思维导图软件能够做到得心应手，它总是能激发出我的百千创意。

后来，我从北京外派到闽东福州建立分中心。临走时，总部的上级给我带上了两件"法宝"，一件是三本厚厚的纸质"标准化运营手册"，另一件是计算机硬盘里几百兆的思维导图文件（全是用"毛毛熊"制作的），这些都是和直营中心开展具体业务相关的，如"学校如何选址"文件、"当地工商注册"文件、"咨询师 101 个事件""教务管理手册"等，事无巨细，应有尽有。计算机里预装了"毛毛熊"软件，可以很方便地打开这些文件，只要按照里面的具体要求，一步一步去做，首战就算不能获得令人惊艳的"满堂彩"，也能有个不错的"开门红"。

我们国人自己研发的思维导图绘制软件，如 FreeMind、XMind 等，模板更多，样式更丰富，功能更强大，成图也更加自由。关键是由于是"本土制造"，它们更懂中国用户的需求，我的计算机中也安装了，一起使用。

从2006年开始工作，一直到2014年我创办自己的咨询工作室，很多的项目安排、策划方案、进度落实、时间管理、人员培训、计划与总结、头脑风暴、会议记录等，都是用这些思维导图软件完成的。

它们对我帮助很大，使我工作更细致，处事更严谨，思考更多维，管理更得心应手。

说它们是"工作神器"一点儿也不为过。

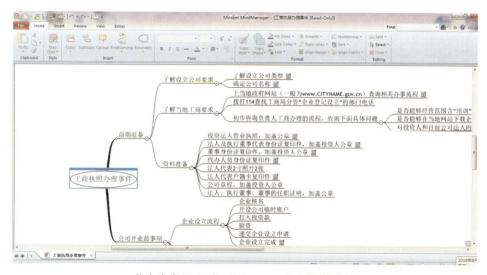

北大青鸟用"MindManager"制作的文件

上图就是北大青鸟用"MindManager"制作的文件，点击"+"号，展开；点击"-"号，折叠。加减之间幅度无限大，收放自如。

2. 思维导图软件的优势

由于我有10来年的使用经验，也算是个思维导图软件的"骨灰级玩家"，因此在此为大家总结一下思维导图软件的优势。

第一：省事

思维导图软件最大的优势就是省事。因为它是诸多超级工程师花了很多时间为我们打造的工具，并尽可能降低我们的使用难度，提升我们的使用体验。如果你有 Windows、Word 等办公软件的使用基础，我敢说，不出 30 分钟，你就能大概掌握它的操作方法。当然，它的优势还不止于此。

软件里预装了大量模板，即便你过于挑剔，也能分分钟选出自己心仪的模板，然后把你要写的内容填进去即可。

第二：转换方便

和手绘思维导图相比，软件绘图还有个很棒的优点，就是可以和其他办公自动化文件实现彼此转换。比如你快速完成了一个思维导图设计，然后领导说："其实我想要的是那个 Word 版本的清单目录，你再给我来一份。"这时你就可以轻松地打开软件，在瞬间将思维导图另存为 Word 格式文件，然后无比自豪地交给他。

第三：空间无限大

软件绘图的更大好处是，不用在耗材上纠结。特别是不用总纠结纸张的大小。某些项目内容会比较多，扩延出来的层级超出了你操控的版面。这时实景手绘就抓瞎了——上哪儿去找这么大的纸啊？

相反，用软件就可以轻松应对：绘制的长短项均可折叠收藏，再多也不怕，等你想看的时候，随时点击、打开、调取就行了，神奇得就像孙大圣手中的金箍棒，能大能小，能屈能伸，乾坤尽藏。

第四：修改方便

对绘图和文字进行处理时，难免会有失误。手绘就容易出问题，铅笔还好说，如果是签字笔、油彩笔就麻烦了，中间处理不好，可能就要重画。

然而软件很方便，可以随时退回到具体的历史步骤，或删除不想要的图层。干干净净，毫无压力，异常轻松。

第五：上传方便

由于是软件绘制的图，因此可以很容易地把它存盘、上传、发邮件。如果担心被病毒侵袭，还可以把它存在云端，简直是妙不可言。

总之，软件的发明和使用，就是要给人们带来方便。如果我们想要高效、方便地学习和工作，使用软件制图是个不错的选择。

下图所示为用软件绘制的思维导图。

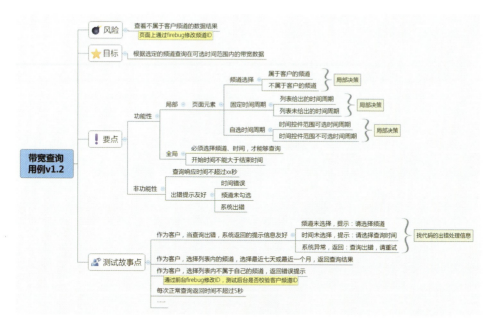

软件绘制的思维导图

3. 它是有缺憾的

总体而言,软件绘图还是非常方便的,感谢当初的设计者发明出这样一款高效、实用的产品。

但是,问题来了,如果你在做创意型的绘图时,软件绘图就显得束手束脚,有着诸多的不自由。

首先,绘图软件只适合在大屏幕的操作平台上使用(比如说台式机、笔记本或者 Pad),携带和电源都是问题。有人会说,不是都有手机版的吗?然而受到条件的限制,手机里装的都是简装版,即便是完整版,由于手机幅面小,功能也不能全景呈现,只能分段展示,大大影响了使用者的绘制和观看。另外,大屏智能手机耗电量大,依现在的基础设施条件,也不是随时随地都能找到合适的电源的。

其次,软件中的模板虽多,但都比较固化和雷同。在前面也讲到了,A 画的图和 B 画的图很像,昨天画的主题和今天画的主题也像是由同一模子刻出来的,容易出现审美疲劳。就是因为如此,好多初学者尚未探寻到思维导图的真谛,便由于这种审美疲劳而对它失去了兴趣。更有一些极端者,觉得这也太简单了,学了半个月之后就当起老师,满世界招生授课,结果可想而知。

应用软件是工程师开发好了的程序和样式,就像当年的傻瓜相机一样,可以让你在更短的时间内掌握其使用要领,但同时带来的是,用其进行技术创作,反而没有技术含量。专业的摄影师,无论是拍人像的还是拍风景的,无论是拍赛事的还是拍生活的,是不会用卡片相机和手机进行专业摄影的,那种专业和非专业的对比,不可同日而语。生活中这样的情形也是举不胜举,手工做的牛肉丸要比机器生产的味道好很多,世界著名的奢侈品,如皮鞋、箱包、礼服,甚至香水、首饰,无一不是靠匠人的双手一点点打磨、精工细作出来的。

"毛毛熊"和XMind类的制图软件都容易操作,只要有微软办公软件如Word、Excel、PowerPoint的使用基础,不论是英文版还是中文版,都能很快地流畅使用,不用教,自学就可以。但要有创意,还要有想法,或者说用自由的形式唤起更多想法,不受条件制约,有自己的风格和韵味在里面,形成独特的识别度和标识感。我个人建议,还是从手绘开始为宜,之后,不管你是在原有基础上升级,还是去掌握软件的应用,都可以做到简单易行。

下图的软件模板稍微"自由"些,还有点手绘的感觉。

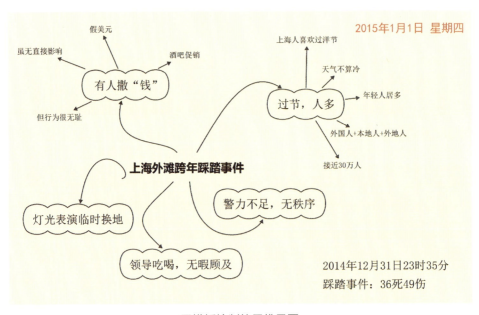

用模板绘制的思维导图

第三节　手绘是自由的

1. 思维更自由、不受限

人都渴望自由。人的思维往往从某点而发，自由延伸到各个地方，不断开花结果。这就像我们平时的漫思考。比如你在奔跑的时候，你的大脑里并非是空的，大量信息会在这个空当涌入，相互碰撞，彼此融合，形成创新。当然，散步、禅修、冥想也能达到此种效果。很多艺术大师在这方面领悟颇多，如肖邦夜晚散步时，看到月光如水，脑海里就弹起了轻快的节奏。再如，凡·高在田野里遛弯儿时，被金黄的麦浪和金黄的向日葵所吸引，一边看，一边就顺势在脑海里铺开了一张画布，开始创作了。

思维的天马行空，给艺术家提供了更多的创作空间，他们也为后世留下了更多经典的作品。下图所示为凡·高的画作《稻田和飞鸟》。

稻田和飞鸟

2. 手绘更快捷、更方便

手绘思维导图其实不难，就像你信手勾勒出来的简单乐谱，就像你抬手画出来的田间速写，只要手头有纸笔，你马上就可以绘制，简单得会惊掉你的下巴。

我曾经在书本的空白处画过，因为读到某个段落时，觉得写得不错，拍案叫绝，有必要总结一下，扩展一下，或者发表一下自己的想法；另外，过往的知识也可能在此时被唤醒，被连接，被融会贯通。因此，用签字笔在空白处画出来，感觉很爽，瞬间成图，行云流水。当然，前提是这是你自己的书，或者别人允许你这么画。

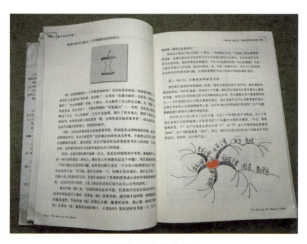

书的空白处作图

我也曾在黑板上画过。就是学校里用的那种大黑板，镶嵌在墙上的。现在的设施条件好了，一般都是多用途黑板，部分拉开后还可以进行投影、多媒体教学。

我是做教育培训领域管理咨询的，合作方大都有这样的资源。我的要求不算高，也不算特殊，用大教室做办公室，黑板敞开用。

黑板绘制思维导图有很多好处。一是幅面够大，比起笔记本和 A4 纸自由多了，经常是绘完全图还有富余的地方，而且粉笔的颜色也够用。

另外，感觉超级棒的还有绘制过程。中间写错的地方随时可以擦掉重来，而且还不会影响整体效果。最后再用手机拍下来，完美！我的很多关于市场推广、营销咨询、运营管理的策划草案、设计草图、工作要点等都是在黑板上完成的。

还有在组织团队会议时，我也习惯在黑板上事先画好会议思维导图。有时是执行型会议，针对工作的安排与落实，我绘制思维导图时力求具体形象、一目了然。有时是讨论型会议，那么我就会只画个框架，大家一边开会讨论，一边不断地往上增枝添叶。

不管是哪一种会议，由于准备充分，思维导图呈现简洁清晰，往往到了规定的会议时间，我们也就拿出了合适的结果。不累赘，不拖沓。用思维导图助推高效会议，绝对是个不错的选择。

下图就是我在黑板上绘制的一幅思维导图。

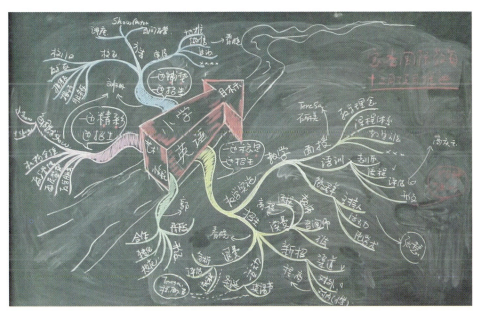

黑板上作图

我还曾在"非正式"的纸张上画过思维导图，如餐巾纸或卫生纸。一般中档以上的餐厅提供的餐巾纸品质都不错，特别是西餐厅，有的上面还有淡淡的印花和印痕。如果用中性笔在上面画，效果不是一般的好。彼此贴合，线条流畅，简直是自成一派。美国知名管理学家丹·罗姆，曾写过一本经典小书《餐巾纸的背面》，讲的就是在餐巾纸上绘制商业思维导图，当年在中国出版时一度热销，以至于国内都卖断货了，我于2016年好不容易才从孔夫子旧书网上淘到一本。在餐巾纸上画脑图，真是一件有意思、有想象力的事儿。

再说面巾纸或是那种硬筒芯的卫生纸，国内几家大品牌做得都还不错，我觉得"维达""心相印"的成图效果最好。签字笔在上面写，字迹不会洇，也不会戳透。当然，如果碰巧遇到了用竹纤维做的那一款就更棒了，甚至还有点古代书卷的味道。它的缺点也是有的，就是幅面不够大，着色也不太方便，我通常是用它来打草稿。一时间想起什么，信笔在卫生纸上一画，以免遗忘，得空再誊在正式的 A4 纸上。下图就是我用卫生纸画的一幅脑图草稿。

卫生纸上作图

但是如果受环境和特定因素的影响，餐巾纸和卫生纸都没了，那又该怎么办呢？

我还尝试过在手掌心画思维导图，感觉也挺好。下面这幅图是 2018 年 4 月去成都办"思维导图大会"时，自己提前做的"预习功课"，准备在工作之余，循着赵雷的歌声去成都的大街小巷转转，看看天府之国的美女，遍尝巴蜀之地的美食，欣赏川西平原的美景。"宏大计划"绘在一掌之中，假如身边没有纸，这信手而画的思维导图也可以抵一时之需了。

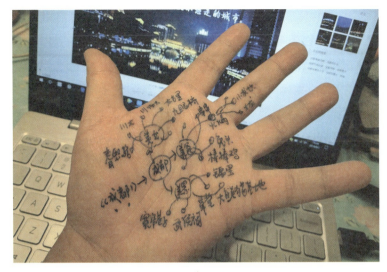

手掌上作图

当然，为了留住或者加深我那汩汩而来、稍纵即逝的创意思绪，我随时、随地、随干、随心地以就地取材的方式来画导图。

卫生间里，我蘸着水在镜子上，戳戳点点画过当天的"工作扇形图"；海滨沙滩上，我用塑料锹挖出了一个巨大无比的"螺旋流程图"；冬天的雪地里，我用脚踩出了"阴阳太极对照图"。只要思维自由，成图就不受限。

我的很多作品成图环境都很"糟糕"。喧闹的家宴上、奔驰的高铁上、啰啰唆唆的报告会上，我都可以自得其乐地画起来，有滋有味地画起来。乐此不疲，享受其中。

3. 手绘更多样、更直观

人的思维有多广，手绘的样式就会有多多。据说，人类大脑中的神经元接近1000亿个，思维变化万千，再加上万亿个神经突触把它们互联互通，这种变化性就更大了。人的思维漫无边界，走到哪儿，思绪就跟到哪儿。

手绘造型可简约，亦可复杂，据主题需要而定。手绘思维导图，图形会说话，文字更传神，一张图下来，里面呈现的各种知识，表达的各种意思都非常清晰、直观。

与思维导图软件不同,手绘的样式也是无穷无尽的,思绪到哪儿,落笔就到哪儿。手绘没有固定的模板,也没有一样的套路。手绘是自由的,手绘是通透的。思想无界,图形亦无边;语言不同,无法交流,但用图就可以。

下图是合作单位宝睿教育集团的"思维办公室",整个三面墙都是绘图板,想到什么,聊到什么,随时都可以画上去,棒极了。

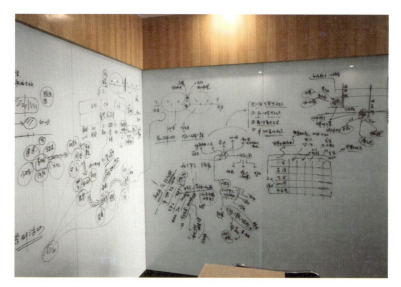

思维办公室

第四节 没有美术基础可以学吗

1. 一切以思维方式为基础

下面是一张有关思维导图的介绍脑图,上面有它的多种称谓——思维导图、心智图、思维图、思维地图、脑图等。字面虽然最终都落在"图"上,但实际上,思维打了"头阵",它比绘图更重要。

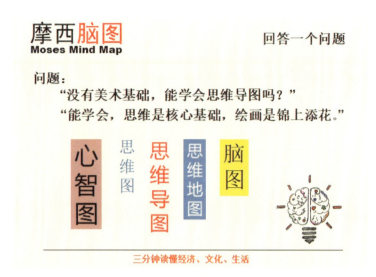

关于思维导图的脑图

思维导图是图文混合体，有结构，有脉络，有分支，有延伸，有关联，有互通，有融合，再现了人的思维方式。运用人的心智模式，将内心所思所想、语义表达、彼此关系、顺承脉络等绘到纸面上，就成了思维导图。

但思维导图不是美术作品，它的意义更在于实用，帮助你的学习，助力你的工作和生活。因此，你一定不要拿专业绘画工作者的标准来要求自己，绘的图不要求很像，形似就可以。但其中的逻辑关系必须得清晰，让人一看皆明。如果不是这样，就不是思维导图了。

2. 图形辅助理解与阅读

人们每天接收和处理的信息很多，但大部分都和视觉有关，能超过 80%，如下图所示。图形图像易于展示，更易于理解，人们用它可以实现无障碍沟通。例如，如果语言不通，你和一个外国人讲"打的"很费劲，叽里咕噜说半天也不一定明白，掏出纸笔，画个图，一下就全清楚了。

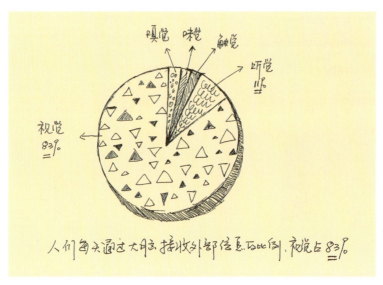

大脑接收外部信息思维导图

上古时先民在岩壁上绘画，记录渔猎养殖生活，与现在高管在会议室白板上画流程图安排一个大活动，本质上没什么区别。因其形象、鲜明又生动，这种技能被传承至今，一直影响着我们的生活，促进着我们的工作。

3. 七种基本造型人人可绘

手绘图没那么难，如果你敢于下笔，其实已经成功了一半。如果再掌握几种基础图形的绘制方法，就会更加得心应手。

点、线、箭头、圆形、矩形、三角形，还有不规则图形。这七种基础绘图形式都比较简单，如果可能，都可以从画"一点"开始。一点，横向延伸成线；延长直线加个尖儿，就变成箭头；曲线回弯，连接变成圆；三次变向延伸，相折成三角形；四次变向同距离延伸，相折成正方形；随意自由变，最后连接，就变成不规则图形。这七种图形，如果你都掌握了，基本就可以绘制世间万物了。不信，那就开始试试吧。

下图所示为七种基础造型图示例。

七种基础造型示例

留个小作业，在 A4 纸上分别画九个圆、九个三角形、九个矩形和九条直线，并尝试着在它们的基础上，稍稍增加一些笔画，变成一个个形神兼备的小图（例如，圆形上加几个孔，就成了"蜂窝煤"；矩形上加个"小舌头"，就成了"信筒"）。画好以后，如果有机会可以和身边的朋友互相交换着看，效果会更好。同样一个事物，每个人发现的重点不一样，呈现的角度也各有特色，他人的别样创意，同样也会给自己带来启发。

另外，我们还可以尝试着将这几种图形组合起来：圆形 + 长方形；圆形 + 三角形 + 长方形；圆形 + 点 + 曲线；三角形 + 长方形 + 曲线……只要你愿意，只要有需要，怎么组合都可以。

几个基础造型，无数种组合，这种方法掌握后，再多、再复杂的绘图，都难不倒我们了。

4. 美术有功夫，锦上添花

一旦下笔的障碍解决了，那么呈现与表达的方法也就掌握了。还犹豫什么，现在就开始画图吧！

当然，如果你的美术基础不错，可以形象地绘制人物、花鸟、物件及各种表情、状态，那么祝贺你，在脑图绘制进阶到高级阶段时，你能力的提升将会比别人快很多。用形象的图释文达意、清晰呈现，总能吸引读者的目光，总能直达本意。

下图所示为"摩西脑图"成员老应的作品。

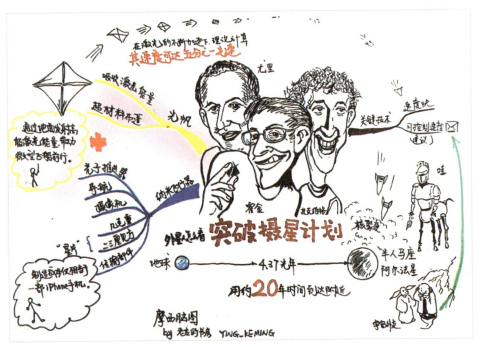

外星人怎么看突破摄星计划思维导图

看着这幅图，你是否震惊了？别急，也别害怕，路总要从头开始走。有了一点技术和经验的积累，你也能绘出上图那样形神兼备的作品。

不过，为了给你增加一些信心，我还是要从最简单的讲起，列举一些商业"大咖"的基础作品。这些作品笔法简单可行，很适合初学者。

第五节 一些"大咖"的思维导图

1. 雷军的"互联网思维七词诀"

下图这幅"互联网创业七词诀"极简思维导图，是雷军在创业初期绘制的。原图模糊，我便临摹了一幅，以便大家观看。

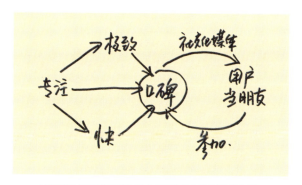

仿雷军"互联网思维七词诀"手绘思维导图

专注、极致、快，直达口碑，通过社交化媒体发展用户，把用户当朋友，然后让用户参与其中，再反推口碑，这就是小米决胜手机江湖的经营之道。坚持自己的理念，做适合国人的优质低价产品，力求好看，保证好用。不跟风，不动摇，打造自己的特色。小米的发展，非一日之功。

雷军可谓互联网领域的"大神"。作为中国第一代互联网人，雷军为我们奉献了 WPS，奉献了杀毒软件，奉献了《仙剑奇侠传》，奉献了卓越网。2007年，金山上市，雷军积蓄了一大笔资产，他便中年退休，准备好好过自己"一边投资，一边养老"的日子。

但他终究没有停下来。2009年，他避开 BAT（百度、阿里巴巴、腾讯）的正面市场，转而去做硬件。于是，中国第一家互联网手机公司——小米诞生了。

这张图其头很简单，简单到整个图中没有什么需要刻意绘画的内容，有的就是圈、线、箭头及精练的文字和清晰的逻辑关系。造型人人可绘，文字人人可写，笔法简单到你看完后都可以马上落笔临摹出来。不过，"大音希声，大象无形"，这幅图看似简单，其实并不简单，其蕴藏着小米公司的初心和它商业模式的顶层设计。在"互联网思维"的指导下，小米公司迅速成长，并逐渐成为中国发展最迅猛的互联网生态公司。

2. 马云的"25个事业部思维导图"

马云曾手绘过一幅阿里巴巴的25个事业部的思维导图，如下图所示。

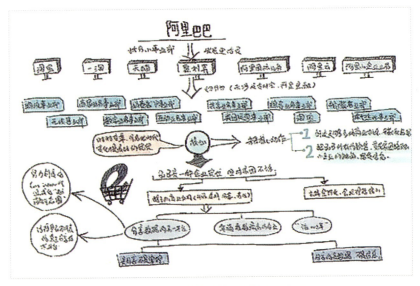

马云手绘的"25个事业部思维导图"

如上图所示，马云的手绘功底不错，电商的精髓和阿里巴巴25个事业部的关系呈现得极为清晰。立体的矩形图、上下伸展的箭头及它们所导引出来的具体内容，都让人觉得，阿里巴巴要成为一家百年老店这件事，有希望。

网传的图片有些模糊，现参考原图，我们用电脑绘制出一幅清晰的思维导图，如下图所示。

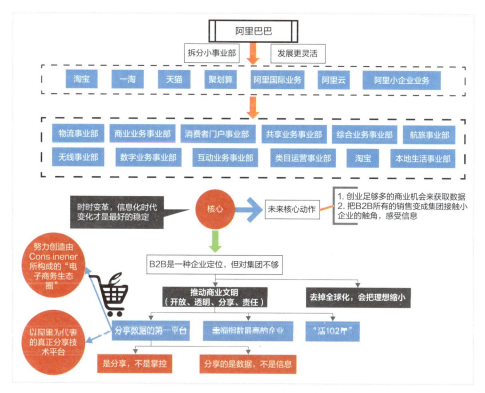

电脑版"25个事业部思维导图"

由于相隔层次太远,看完此图,对马云所撰写的内容你或许不能马上明白,但对如何绘制一幅清晰的思维导图,心里应该有点谱了。

据说,如果要读商学院,手绘思维导图则是"大咖"们必修的课程之一,授课的导师也大都以国外的专家为主。他们会教授一个企业管理者在较短的时间内,如何用寥寥数笔勾勒出自己公司的经营现状及未来发展方向。

3. 唐宁的"宜信金融闭环图"

宜信的 CEO 唐宁毕业于美国知名金融学院,他把金融贷款公司——宜信做得风生水起。

唐宁手绘过一幅"宜信金融闭环图",如下图所示。

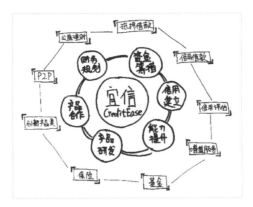

手绘版"宜信金融闭环图"

在"宜信金融闭环图"中,他运用了"同心圆"结构。外圈是宜信一系列的金融业务:抵押借款、信用借款、信用评估等。内圈则是宜信的实施方法,如产品研发、产品合作、资金筹措等。

此图双环相套,椭圆和矩形文字框简单又醒目,绘制起来连新手都毫无困难。文字内容精练,业务与方法亦相辅相成。宜信 CEO 唐宁的这种视觉呈现方法,你领会到了吗?

下图是根据唐宁手绘原图用电脑绘制的清晰思维导图。

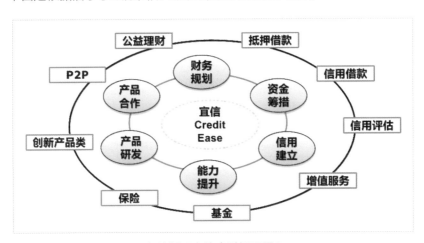

电脑版"宜信金融闭环图"

4. 杨惠妍的"碧桂园饼图和树窗结构图"

广东碧桂园董事局副主席杨惠妍是杨国强的女儿,碧桂园在其带领下实现新一轮发展,已成为中国4家千亿地产公司的其中之一。其做事之迅猛,风格之凛冽,巾帼不让须眉。

下图所示是杨惠妍早年手绘的"碧桂园饼图和树窗结构图",从内容上看,这应该是杨惠妍早几年手绘的思维导图,图例清楚,文字清晰,用我们都熟悉的饼形图和树窗结构来呈现,也非常符合碧桂园地产公司的形象。在保证优质住房的前提下高速发展,并用低价推向市场,三个看似互相矛盾的点,在一张"饼"上完美地聚合起来。在旁边,碧桂园的具体业务全由数据呈现,就像一栋全部打开窗扇的大楼,内容具体,形象开放。

两种结构图简单、易懂,新手亦可学。

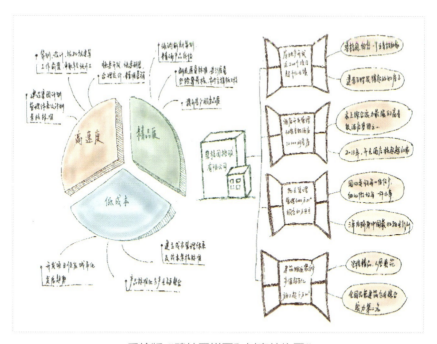

手绘版"碧桂园饼图和树窗结构图"

根据原图,我们绘出清晰的电脑版"碧桂园饼图和树窗结构图",如下图所示。

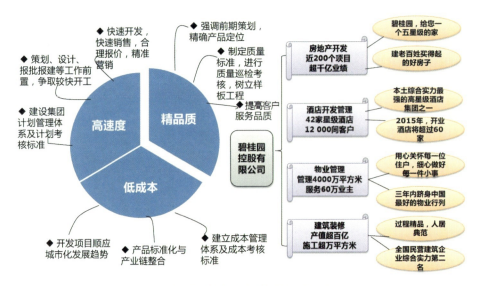

电脑版"碧桂园饼图和树窗结构图"

第六节 摩西老师自己绘的图

如果觉得"大咖"们距离我们太远，他们的思想我们拿捏不准也学不来，那么再给大家展示几张我自己手绘的思维导图，没有"炫图"的成分，只是点、圈、线、箭头、文字搭建起来的思维关系，让大家对思维导图有更具象和深刻的认识。

1. 简读一部电影：《老炮儿》

电影《老炮儿》在 2015 年年底一经上映，就一战成名，国内外获奖无数。该影片京味儿浓郁，讲述了一个没落"顽主"在新时期与情人、兄弟、儿子之间的感情纠葛及对抗新流氓和权贵阶级的故事。影片中既有炫酷的现代跑车，又有北京二环里的旧式胡同，还有交织在其中的浓浓情感。

与追星、看热闹的朋友不一样，我想要了解导演的创作背景，并且尝试着把它画出来。

读完几段评论,看了两遍电影后,我的脑海里就勾勒出了故事的主要脉络。

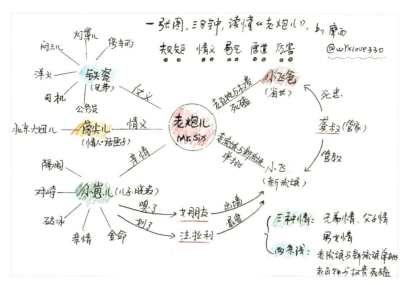

电影《老炮儿》简读思维导图

如上图所示,主图在中间,就是老炮儿——六爷。没画六爷的"板寸",也没画日本军刀和将军呢大衣,电影名简明直接,大家一看就明白。

主图左边是交织的三种情感:六爷和闷三儿、灯罩儿之间的"兄弟情",六爷和话匣子之间的"男女情",六爷和晓波之间的"父子情"。

主图右边呈现了两条情节主线:老流氓与新流氓(小飞)之间的"单挑",老百姓和权贵(小飞爸——南方一省之长)之间的"死磕"。

中间相连的是晓波、小飞共同的"女朋友"和两次"受伤"的"法拉利(恩佐)"跑车。

思维导图画面构图简单,文字简洁,人物关系简明,整体看下来却让人印象深刻,理解通透。在画面前,我好像揣摩透了管虎的心思,就像和他面对面交谈一样。

用思维导图简单快捷地解读电影,是不是有点儿意思?

那么,歌曲能行吗?让我也来试试!

2. 简读一首歌：《生活不止眼前的苟且》

音乐人高晓松的歌曲《生活不止眼前的苟且》经过许巍的演绎，成为一首感人至深又催人奋进的力作。下图所示为我对这首歌的简读。

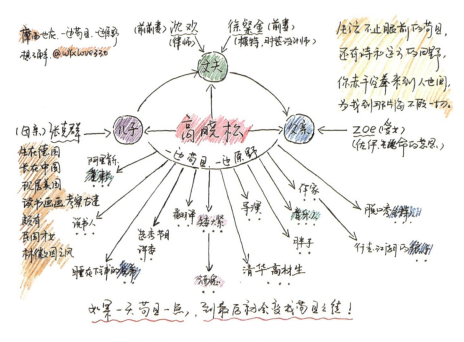

歌曲《生活不止眼前的苟且》简读思维导图

文艺作品，以情动人。和影片《老炮儿》一样，曲中三个桥段其实描写了和高晓松深切相关的三种情感：一种是和母亲张克群之间的"母子情"，一种是和沈欢、徐粲金之间的"男女情"，还有一种是和 Zoe 之间的"父女情"。高晓松主体形象突出，社会角色众多，他是清华大学的高材生，也是热门选秀节目的评委，是阿里音乐的董事长，也是饮酒出事的"矮大紧"。这些褒贬不一的社会角色，让高晓松影像迷离，但是在生命之中的这三种角色——"儿子""丈夫"和"父亲"，主体地位不可撼动。

依旧是以高晓松为主体的文字导图，下半部是他的各种社会角色，有些真正是为生活所迫。上半部是他生命中的三种角色，虽着墨不多，但足以以情动人。由点、圈、线、箭头、文字搭建起来的"一边苟且，一边原野"的高晓松关系简图，经过提炼和扩展后,是不是也有些深意了?

将一首三五分钟的歌曲也能听出门道,用思维导图梳理出情感,扩展出生动鲜活的内容。何不尝试一下呢?

3. 简读一句话:"河流交汇的地方,鱼群最多"

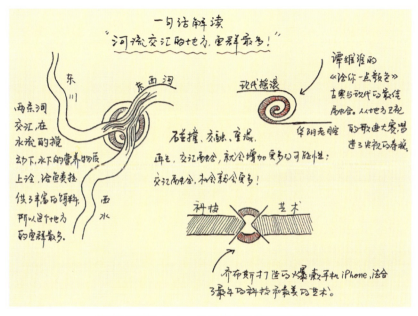

"河流交汇的地方,鱼群最多"简读思维导图

"冬吴相对论"里吴伯凡老师洋洋洒洒讲了万言,其中,"河流交汇的地方,鱼群最多"这句话给我的印象最深。"此中有真意,欲辩已忘言。"我一边思考,一边在脑海里形成了如上画面。

东川和西水两条河流交汇,发生碰撞、交融。这时水底的各种营养物质上泛,给鱼类提供了丰富的饵料,所以这个地方鱼群最多。这种地理上的交汇,我们不难理解。

推而广之,谭维维的新歌《给你一点颜色》将现代摇滚和古老的华阴老腔融合,电吉他、键盘、效果器和木板凳、胡琴、嘶哑的喉咙声交汇融合,赋予了歌曲新的生命力。她从地方卫视的歌曲大赛最终唱到了央视春晚的舞台。这种艺术的交融是一种创新。

文化如此,科技融合的例子就更多了。苹果公司创世界之经营传奇,一款单品 iPhone 手机,系列推出,逐年出新,疯狂迭代,将市值推向了近万亿美元的孤峰高位。身边怀揣着 iPhone 手机的朋友,是不是觉得它是科技与艺术融合的绝佳典范?这是乔布斯耗尽毕生精力奉献给世界的礼物。

一句话,经过思维的拓展,可以有无限可能,你做得到吗?当然,还有更极致的,那就是简读一个词。

4. 简读一个词:五感设计

在"得到"APP 偶得一篇文章,讲述的内容很多,但给我印象最深的仅有四个字——五感设计。

这个词太精妙了,无论是做产品,还是做项目,如果套用在视觉、听觉、味觉、嗅觉、触觉这五感上,思路顿时清晰很多,立体很多。为了使展示更形象、操作更简便、理解更通透,我把它们都安置在了一个坐标轴上,横轴上标注"五感",纵轴上标注"分数",给评价的事物打分,横纵轴交错,用圈定出的面积的大小来决定这个事物的优劣。

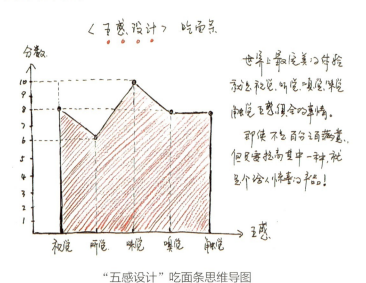

"五感设计"吃面条思维导图

以吃面条为例，如上图所示，面条作为餐食，色、香、味肯定少不了，所以味觉占的分更高，10分。另外，赏心悦目的视觉体验和令人垂涎欲滴的嗅觉体验也很重要，给个8分没问题。还有我是北方人，喜欢吃筋道的面条，特别是手工擀制的，煮好了再过一遍凉水，那就更棒了。因此，触觉也给个8分。最后说听觉，吃饭出声儿是不好的习惯，小时候不在意，总被大人训。不过据说日本人吃面条时喜欢造声势，他们认为那是对厨师精湛手艺的褒奖。

其实，在现实生活中，如果把"五感设计"中的某几项做到极致，就已经很成功了。关于一个词的思维导图解读，是不是给你不少启发？

从一部两小时的电影，到一首四五分钟的歌曲，再到一个十几个字的名句，甚至一个小小的关键词，都能将它们放大，绘制成一个图形。这些图能看懂，有"嚼劲儿"，还能联想，甚至可以随时拿出来应用，是不是很有意思？

自测 练习

1. 生活中常见的圆形、矩形、三角形的基础造型物各画10个。

说明：只求神似，捕捉核心特征，一看皆明。（圆形如带光线的太阳、矩形如有盖儿和木纹的箱子、三角形如飘扬的小旗子）

2. 简读一个字，如"赢""甦"或"熵"。如果觉得难，可以先从"好""旦"开始。

说明：先拆解，再分析，然后引申含意、找取例证，最后用你能用的最简单的方法成图。

3. 临摹一张雷军的"互联网思维七词诀"简图。

说明：临摹的过程中，注意把握结构和线条，越自然越好，越能表现自己的风格越好。

4. 用思维导图软件做一张简单的思维导图，主题不限。

说明：下载任意一款思维导图软件，MindManager或Xmind都可以，做一张简单的软件思维导图。可以利用其中的模板，也可以自己设定。

案例 欣赏

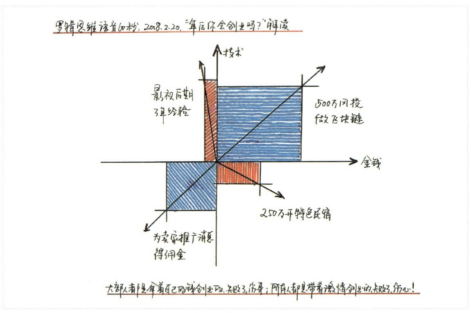

"年后你会创业吗？"解读思维导图

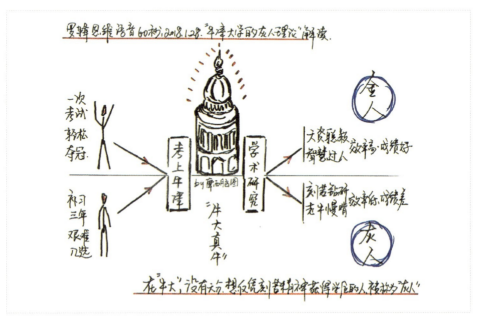

"牛津大学的灰人理论"解读思维导图

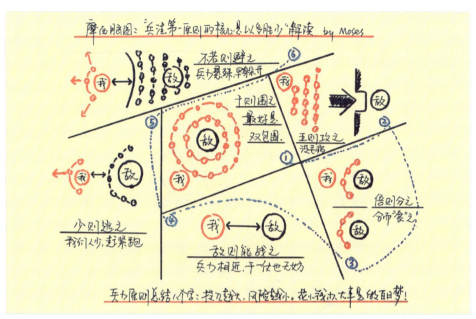

"兵法第一原则的核心是以多胜少"解读思维导图

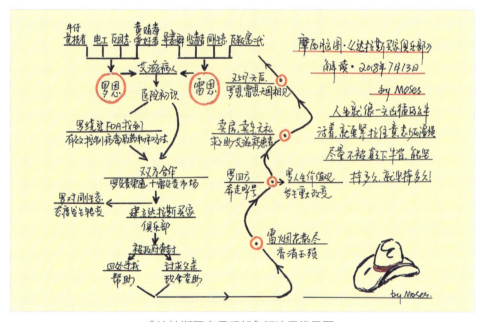

《达拉斯买家俱乐部》解读思维导图

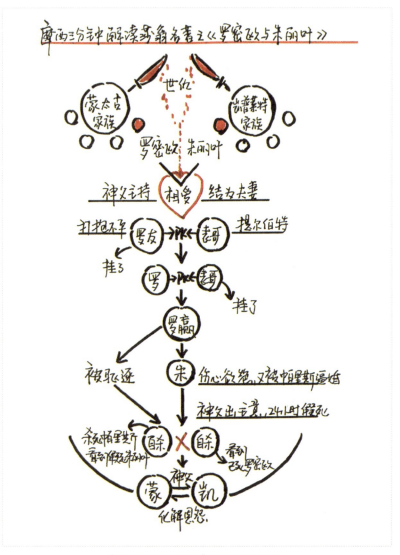

《罗密欧与朱丽叶》解读思维导图

第二章

绘制技巧与工具

第一节　两种思维方式的比较

1. 直线式思维

中国的文字很优美，其中蕴含着丰富的信息和情感。比如民国诗人卞之琳写的这首《断章》："你站在桥上看风景，看风景的人在楼上看你。明月装饰了你的窗子，你装饰了别人的梦。"画面感和哲理性并存，使这首小诗百年传诵，流传至今。

但在实际生活中，我们很少使用这样的文字进行交流，因为这样做会让人觉得过分的浪漫和做作，脱离实际生活。

实际上，在很多工作和学习的场合中，我们经常会遇到以下这样的文字表现形式。

办公室日常管理制度

第一条：为规范办公区域的管理，创造文明、整洁的办公环境，维护正常的办公秩序，树立良好的企业形象，提高办公效率，利于公司各项工作的开展，特制定本制度。

第二条：员工应严格遵守考勤制度，准时上班，按时下班，上下班时间按现有规定执行。

第三条：员工上班时必须着装整洁、得体，不得穿军靴、露出脚趾和脚后跟的凉鞋及其他不适宜的装束，不准佩戴夸张、过大的饰物上班。

……

就这样，规范、完整、一排排、一列列的方块字向我们袭来，冲进我们的眼睛，刺激我们的神经，让我们留下深刻的记忆。

这就是所谓的"直线式思维"。

2. 直线式思维的缺憾

两点之间最短的距离是直线，从 A 点到 B 点，走直线一下即达，快速而便捷。在传统的教育模式之下，我们通常会选择既有或唯一答案的路径，因为这样方便、直接、不绕弯。

然而这种直线式思维缺少变化，使人们丧失了很多可能性，错过了很多创造与创新。从 A 点到 B 点，理论上讲，我们会有无数种方法和无数种可能。我们可以拐着角儿、绕着弯儿去；可以一步两回头，踩着秧歌的节奏点儿过去；如果是冬天结了冰，还可以坐着冰车滑过去；可以白天去或月朗星稀之夜去；可以和朋友一起去，可以和家人一起去，还可以背着孩子一路走过去。看到了吧，在这些方式中，我们可以计算大数据，也可以念古诗；可以浪漫，也可以悲伤；可以深入生活，也可以步入云端。变化是不是更多了，可能性是不是更多了，创造与创新是不是更多了？

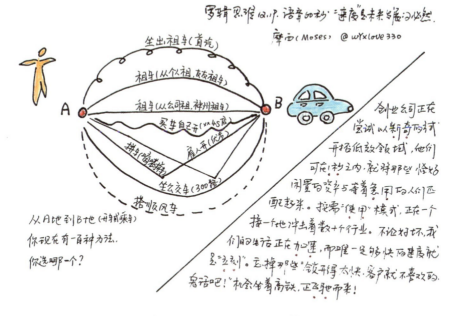

"速度"是未来发展的必然思维导图

上面的导图没有那么复杂,就是乘车从 A 点到 B 点去,交通工具虽然界定为车,但车的种类有很多,抵达的方式也各种各样。自己开车去、雇人开车去、租车去、租车带司机去、和别人拼车去、搭顺风车去、坐公交车去……一个小题,脑洞大开,是不是有意思多了?

3. 我们要更多可能

未来世界,万物互联,事事有无限可能。从 A 点到 B 点,我们稍加思索,就可以想出数十种方法,再深度扩展,百种、千种也是可能的。

因此,对待任何疑问,都不要急着给出答案,尝试着把它放进自己既定的思维圈里,上下、左右、前后、内外,立体地多维度思考,那么得出的答案就会丰富而精准。这就是所谓的"发散式思维"。

先有思维(这是方法:Why),再有思考(这是过程:How),最后生成思想(这是结果:What)。

这也符合智慧大贤们提出的"黄金圈法则"——先问为什么,再说怎么做,最后得到"干货"。下图所示为"摩西脑图"成员爱姜的作品。她在尝试更多样的思维,她在自然界和生活中寻找思维的影子。你说,她有答案了吗?

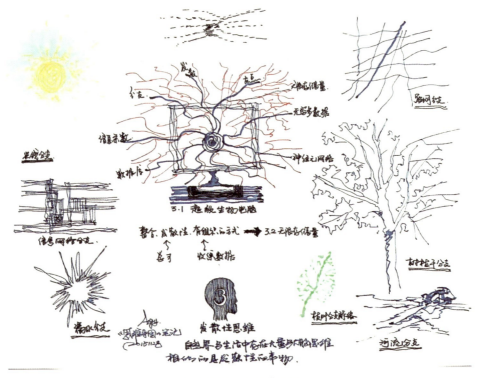

"发散性思维"思维导图

第二节 发散式思维到底像什么

1. 自然界里有答案吗

如果让你描述"发散式思维"到底是什么样子,你能给出答案吗?如果单从结构上来看,发散式思维有点像车轮,从轴心发散出多个辐条,指向四面八方;

也有点像原野中的蒲公英,从花托中间撑起无数个小伞,指向天空;还有点像成年树木的巨大树冠和庞杂的根系。有时感觉它们交叉盘错、无比复杂,其实,若仔细观察,你会发现它们都是沿着主干行进,中间再分,又细分,枝杈也是由粗变细的。只不过树冠的生长方向是朝上的,树根的生长方向是向下的。

还有墙角的蜘蛛网、美丽的合欢花、太阳的光芒和石子激起的水波纹。如果仔细观察,会发现世间很多事物的形状都和人类的发散式思维类似。

自然界的"发散式思维"形状

2. 那些茂盛的榕树

我再举一个南方榕树的例子。我曾经在福州工作过两年,那个城市被誉为"榕城",城中遍植榕树,并且历史悠久,百年树龄的榕树有很多。

榕树和其他的树不同,除了有庞大的树冠和庞杂的根系之外,在它的枝干上还长满了"气生根"。此根发达,既茂密又粗壮,从树枝上垂下来,有的和树根相连，有的扎入泥土。无论哪一种，远远看去，这些"气生根"都像是另外新长的树。所以，有人称老榕树是"独木成林"。记得小学时学过巴金先生的一篇散文《鸟的天堂》，里面对此情形有生动的描写。

"气生根"的介入，把原本简单、独立的树冠和树根连接起来了。这样就使整个榕树的生态系统更复杂、更完整了，用来比喻思维的发散也更形象，如下图所示。

长了"气生根"的榕树

3. 世界上最复杂的系统

其实，还有比榕树更复杂的造型结构，比如人的脑神经系统，如下图所示。它是由千亿个神经元和万亿个神经突触组成的，数量之庞大，只有外太空无数的星宿才能与之相比。而这些神经元上的突触就好比是树冠和树根，它们向外延伸，彼此之间又互联互通，数量越多，连接的可能性就越大。我们倏忽万变的思维也许就因此而来吧。

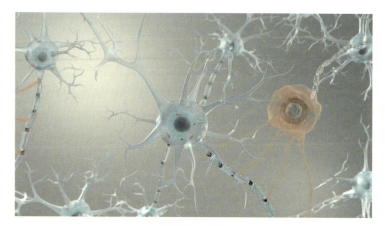

脑神经系统

　　试想一下，假如你看到旁边高大的乔木，猛然想起一个人，他的名字很怪，你又因此突然想到了太阳，这时候刚好太阳光照射过来。你用手遮挡了一下，有个笑话在耳边回响，那是你早晨在手机里看到的。"对了，我的手机哪里去了？"你想用手翻口袋，发现手里拿着一根短木棒，这里刚才有野狗经过，这是你为了防身，顺手从地上掉落的树枝中拾取来的……虽然描述的文字很多，但其实这些思绪和动作就在一瞬间发生。这些想到的东西，感受到的事物，关联起来的动作，都在神经系统中快速地交互作用着，既复杂又严密。看起来无序，但实际上相互影响。

第三节　"高大上"的曼陀罗思考法

1. 从原野到视野

　　思维捉摸不定，思维瞬息万变。资深的日本管理学家今泉浩晃先生曾尝试着从自然界的事物中寻找其内在规律，并进行归纳总结，来推演出更多的思考和变化过程。有种花叫曼陀罗，它在杂草中怒放，花朵素雅简洁，造型规整。从曼陀罗花的造型你可能会想到《易经》中的八卦。《易经》有云："两仪生四象，四象生八卦。"乾、坤、震、巽、坎、离、艮、兑——这八卦造型对称完美，仿佛天作。从太极八卦的造型，又可能会想到"坛城"。"坛城"即佛教文化中的金刚曼陀罗，它的造型在寺庙中无处不在，从装饰壁画到地面花砖的纹饰，哪里都有。最经典的要算喇嘛僧侣用彩色的沙子聚合起来的复杂又精致的梦幻城池，虽然没用图纸，但是它的造型极为对称和标准。只是其建造起来很费时，简单的要用数天，复杂的要持续一周甚至更长时间才能完成。网上有喇嘛用沙堆城的视频，整个绘制过程既安静又壮美。不过，最撼动人心的是，完工之日也是毁掉之时，繁华重归沙土，既有玉碎的壮烈，也有升华的感动。

从原野中的曼陀罗花到《易经》中的太极八卦，再到佛教文化中的金刚曼陀罗，造型上的互通，形意上的关联，由此就有了"曼陀罗思考法"。

三种事物如下图所示。

曼陀罗花　　　　　　　　八卦图　　　　　　　　金刚曼陀罗

"曼陀罗思考法"也称为"九宫格思考法"，它可以用来形象地展示思维的状态、思考的过程和思想的形成。

九宫格我们并不陌生，微博、微信里发图片，最多可发九张，造型就是这完美的九宫格。它的特点就是对称、标准，既有分散之美，又有整体之型。看似固化的状态，却能延展出万般丰富的世界。

2. 辐射线法和顺时针法

曼陀罗思考法有两种延伸使用方法，一种是辐射线法，另一种是顺时针法。

我把它们综合起来又创立一种，称为综合法。

辐射线法

辐射线法形象地展示了发散式思维的过程，如下图所示。就像一个坐在高台上的君王，他的四面八方都站着大将军，而每个将军又都统领着千军万马。君王一旨号令下去，信息从将军到士兵逐级延伸，发散到极大、极远的战场。

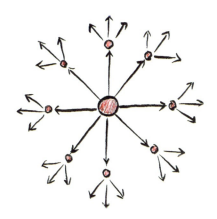

辐射线法示意

现实生活中，以传播信息为例就很形象。比如，你有个重要的想法，要在微信里传播。假设你的朋友圈里有100个朋友，而这100个朋友刚好每人也都有100个不错的朋友。这时你要求自己的100个朋友一定要将你的信息发布到他们的朋友圈。100×100=10 000，在某个时段，如在晚上九点左右，有70%的人正在刷微信，看到了你发的信息（到达率很高），那么你的信息就同时传播给了7000人（10 000×70%=7000），如果这时某个大V（微信朋友圈有5000个好友以上）对你这条信息感兴趣，帮你进行了二次转发，那么你的信息就涌入移动互联网的茫茫信息流中，将被更多次阅读，更多次转发。即使你已经睡了，你发的信息还在互联网上流动。

这个方法其实很像《道德经》中的"道生一，一生二，二生三，三生万物"，这就是老子的宇宙生成论。这里的"一""二""三"，是指"道"创生万物的过程，它们已经不是具体的事物和具体的数量了，而表示的是"道"生万物，从少到多、从简单到复杂的一个过程。

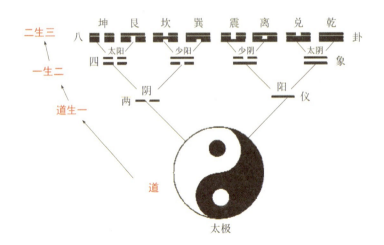

老子的宇宙生成论

辐射线法很重要,后面还有专门的章节来对其进行阐述。

顺时针法

顺时针法主要用于事物的流程管理。就像一个有规则的表盘一样,中间是轴,也是中心。将你要进行的项目和工作重心,以顺时针方向开始转动,一步一步展开工作内容,如下图所示。它的好处是简单清晰,彼此可见,对照执行。

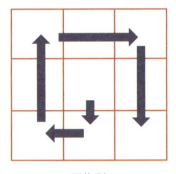

围绕型

这个中心可以是你要做的一个产品,要举行的一个大活动,外出度假的一个安排,或是居家宴请的统筹计划等。若这些题目都太大,我们来个小的,用"九宫格"的顺时针法来做,题目就是"如何做一碗美味的番茄蛋花汤"。

当然,如果最后首尾不相连,接着以逐渐放大的状态扩散出去,整个造型看起来就会既美观又实用,像是无数垒叠起来的同心圆,更像一个精致美观的海螺。

如果在这个造型中的每个阶段都加上内容，那么既能表现出思路的自由，又能呈现流程前进、逐级上升的状态。你可以展示自己的工作履历，也可以设计自己的个人职业规划。

下图是我 10 年的工作履历思维导图，画了四稿，内容反复调换，但造型一直没变。

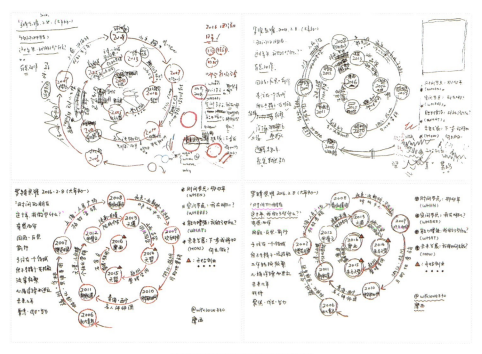

摩西工作履历思维导图四稿

3. 合二为一的综合法

综合法就是将"辐射线法"和"顺时针法"彼此贯穿相连的一种思维方法。思维导图的创始人东尼·博赞先生常用这种方法来做"当日的时间管理"。老先生每天的工作都很繁忙，经常开会，经常参加活动。每天工作之前，他会绘出一个圆，按照 24 小时的区段，绘出一个个大小不一的扇区，并标注上对应的文字。大的扇区用作安排较长时间的工作，小的扇区则安排较短时间的工作。虽然一天的工作安排都很满,但是一图在手,的确方便很多。

下面,我也来画一个"综合图",如下图所示。

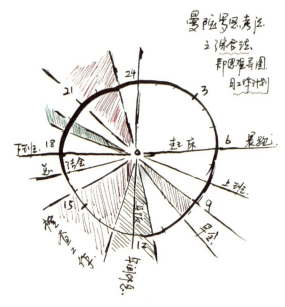

"日工作计划"综合图

24小时的表盘,从早上6点开始便上紧了发条:上班、开会、检查工作,下班总结,一天忙忙碌碌。此图分得还不是太细,但不同大小面积的扇区已初具形态。一边发散,一边顺时针"行走",这样的安排,清晰而又紧凑。在后面的"时间管理"小节我们还会进行详细讲解。

看懂了没有?拿起笔,顺手也画一个!一天的工作、学习和生活都能以这种简单的方式来记录。

第四节　发散式思维练习

说过要精讲发散式思维,那我们就先从一个发散的思维练习开始吧!

1. 人的不同情绪

"喜、怒、忧、思、悲、恐、惊"为七情，每个人都有。从欢喜、愤怒、恐惧等较原始的情感，到爱、恨、痛苦、嫉妒等更多的属于人类文明的情感，这七种情感伴随着人的一生，深深地影响着一个人的发展轨迹。

对于幸福和悲伤，每个人都有不同的理解，如果让你用词组或短语进行即时描写，第一时间联想到的，会是什么呢？尽管放开了想，先试着分别写出10种。

2. 更多分支的联想

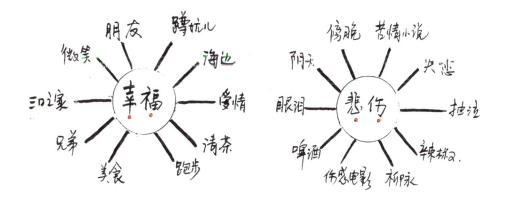

幸福与悲伤思维导图

上图是我的联想，没有经过太多思考，想到什么就直接写上了。仅供大家参考。比如"幸福"，如果让我来描绘，我会认为，每天慢跑5公里，出一身汗，强健身体是幸福的；一边放松地喝杯清茶，一边读自己喜欢的书，是幸福的；与三五好友一起出去聚会谈心，是幸福的；一家三口春日踏青，出门旅游是幸福的。记得早年间有首励志又温馨的歌，名字就叫《幸福在哪里》，如果现在给你弹个前奏，你能跟着一起唱出来吗？

> 幸福在哪里？
>
> 朋友我告诉你，
>
> 它不在柳荫下，
>
> 也不在温室里，
>
> 它在辛勤的工作中，
>
> 它在艰苦的劳动里……

时过境迁，歌中描述的情景你觉得亲切吗？是不是依然会有同感？

"悲伤"也一样，当这种情绪溢满心怀时，只要文字一出，每个人的心弦都会随之拨动。流眼泪是悲伤的，小声抽泣和放声痛哭都能引发共鸣；一人饮醉是悲伤的，独自喝酒就已经很孤独了，加之喝醉，就更让人心痛；吃海南的黄灯笼辣椒也能触发"悲伤"，鼻涕眼泪一把，一生难得此辛辣；读苦情小说是悲伤的；诵柳永的词是悲伤的，"寒蝉凄切，对长亭晚，骤雨初歇"，在仲秋潮湿阴霾的日子里，天色将晚，和心爱的人告别，那将是怎样痛楚的心境啊！

3. 人越多，相同的项目越少

不论是幸福还是悲伤，如果不被提及，任日子匆匆流逝，那么它们是不易被感知到的。但一旦被触发，每个人都能举出一大把例子。从古到今，从现实到想象，从小如尘埃到大如宇宙……如果纸面够大，时间够长，我想人人都能绵绵不绝地写下去。

但事实上，如果同时评测，比如常在一起相处的三五个人一起写，那么相似的项可能会很多，甚至细枝末节都相似也有可能。例如，在电影《我不是药神》中，病人老奶奶声泪俱下，"控诉"进口正品药虽能救命，但价格太高，最终把家都吃垮了的时候，观众的悲伤情绪在影院里蔓延，哭声一片。如果刚看过这个电影的几个朋友做关于"悲伤"情绪的发散练习，估计他们中的大多数都会写到电影中的这个经典飙泪桥段。

但如果很多人一起写，比如几十或上百人，那么，要找出大家共同的一个描述项，就会难上加难。每个人的家庭环境、教育背景、社会阅历甚至当下的境况都不同，联想、发散的内容也会不同。

这种评测练习既可作为对人的性格、行为的评测，也可作为"集体心流"的训练方法。日常生活中人与人关系的融合，彼此之间更深的了解，相互间潜移默化的影响，都可以让一个团队里的所有成员在同一时间产生同样的想法。这样，不论是美国海豹突击队的特种兵，还是攻坚国家重点工程的技术小组，又或是公司里裂变出的创业小分队，都容易产生集体心流，正所谓：心往一处想，劲往一处使。目标一致，自由协作，彼此互助，快捷高效，最终必然达成目标。

第五节　聚合式思维练习

1. 有放有收，收放自如

刚才练习了如何发散自己的"思维"，但仅有发散也不行，太散了，不统一，很难达成共识，汇成统一的结果。有放有收、收放自如才是最佳的状态。

有些花早晨开放，夜晚闭合，一开一合，此为自然规律。有些人时而奔放热情，时而内敛沉静，此为性格所致。奔放的绽开为美，宁静的闭合亦为美。

2. 殊途同归，万向归一

世间事物很多，事物的状态也不少。很多时候，事物会有一个相对共同的指向状态，比如"封口""装满""成长""赢""清凉"等，不一而足。一种状态可以同感很多内容，而这些内容在特定的民族、文化和地域背景之下，人们是能相互理解和认可的。

例一：酒缸里装满酒，箱子里装满衣服，肚子里装满委屈。
例二：小树成长得很快，小朋友时时刻刻在成长，国家成长起来了。
例三：足球比赛赢了，他是一个人生赢家。

例四：冰镇啤酒很清凉，夏日里人们穿得很清凉。

不同的事物可以有相同的某种状态，这种例子也不胜枚举。

下面再看一个经典的例子。

3. 什么东西是需要封口的

"什么需要封口？"太多了，有些是外在物理状态的，有些则是意识形态上的，但它们都有一个统一的标准，都要封口。

钱夹拉上拉链算不算？不封口，钱就会掉出来了。

关上舱门算不算？不封口，无法加压，飞机就飞不上万米高空。

盖上盖子算不算？不封口，空气进来了，一坛子老酒就会坏掉。

手术缝合算不算？不封口，病菌感染，病人如何痊愈？

电视剧大结局算不算？不封口，难道还要没完没了地一直演下去吗？

这些当然都算，虽然事物不同，意识形态不同，但结果都是相同的。它们共同指向"封口"，把一个东西合上、关上、粘上、结束、收紧……

你还可以想出很多，只要符合这个标准，都可以放到一起，一并思考。

一堆看似没有关联的事物，都被"封口"这个行为连接起来了。聚合的方法，你明白了吗？

关于封口的联想如下图所示。

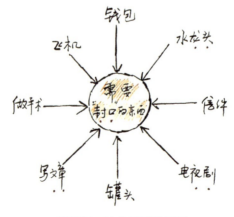

需要封口的东西思维导图

第六节　形成思维导图

1. 橡皮筋的 100 种用途

　　理论上讲，有了发散，有了聚合，现在尝试把它们结合起来，就形成一个标准的博赞式思维导图，下面是实例——橡皮筋的 100 种用途。乍看此题，有人不解，橡皮筋不就是帮女孩子扎辫子、生活中用来捆绑东西的吗？还会有 100 种用途？别不信，如果思维发散得够广，知识储备够丰富，关联得够多，时间也够长，也许能写出 10 000 种都不止。你能想到几种呢？试着写一写吧！

橡皮筋

2. 将"发散"和"聚合"连在一起

　　思想发散起来，将"橡皮筋"的"功能"项引入绘图，此为横向分类，无外乎是"捆绑功能""艺术功能""武器功能""游戏功能"等。如果实在想不出其他功能，就列个"其他"类别。橡皮筋的功能项有很多，只要你敢想，就尽可能地分类，尽可能地多写。

　　单项之间，每个事物都可以纵向深度挖掘，一层层挖下去，将图形分级。

分类内容越细越好，分级越多越好。但刚开始，主要是为了练习和掌握，只需点到为止。

捆绑功能对人对物都可以。对人来讲，女孩子可以用它来扎辫子。如果你的手指不小心被割伤，用橡皮筋勒住还可以止血。对物来讲，可以在超市里用它来绑螃蟹钳子、各种绿叶菜。南方空气潮湿，吃了一半的干果可以用橡皮筋把袋子口扎起来，防潮。刀把有金属的、木头的、塑料的，握在手里不紧实，用橡皮筋绑起来，可以增大摩擦力；戴眼镜的朋友有的时候也这么做，夏天容易出汗，湿湿的眼镜腿经常打滑，用橡皮筋绑起来，防脱。橡皮筋的捆绑功能是常用功能，在不同的场景下和不同的物件上，可以有无限的发挥。

说到"艺术功能""游戏功能""武器功能"，敞开了想，也有很多。我是70后，小时候玩具匮乏，橡皮筋便宜，可塑性又强，我们就经常用它来丰富课外生活。比如几根一起绷在纸壳上，用手指拨动，就像在弹琴。声音没那么动听，但我们还是很高兴。

那时候市场上有卖跳绳的，其实也是巨大的橡皮筋外面裹了花花绿绿的线。女孩们很喜欢，编出很多跳绳的花样，男孩子多是在旁边羡慕地看。有个别腿脚灵活、长相秀气的男孩子也会和她们玩在一起。直到现在，我的脑海里还能浮现出那个活泼生动的画面。

不过，男孩子也有自己专属的玩具，女孩子同样是用羡慕的目光看我们把橡皮筋玩出花样来。用粗铁丝或硬木头做弹弓时，为了有强大的弹射力，最好选用独立的橡胶皮管，劲儿大、简洁又好用。但如果身边找不到合适的，也可将很多橡皮筋交叉捆绑起来，末端绑一块皮子，作为发射器。因为数量多，所以力量够大，效果不亚于橡皮管。

橡皮筋还是个很好的魔术道具，一根简单的橡皮筋套在手上，时而缠绕，时而穿越，竟然会如此神奇。

说了橡皮筋这么多用途，其实远没有结束，不同阅历、不同年代、不同背景之下的人们总有很多关于橡皮筋的记忆。一根能做什么，一堆又可以怎么用？它的材质是橡胶，如果熔化了，它能做什么？它可以绷在很多物体上，可以辅助完成很多的行为。

总之，橡皮筋不仅可以扎头发，它还和很多物品一样，有着万能的魔力。

3. 让结构更漂亮

下图所示的这张思维导图是草图，造型一般，文字对仗也不是十分工整。如果是正式图，就需要更规范、标准一些了。从主体伸出的枝杈向四面八方蔓延，主干粗，枝条细，还有各种颜色将类别区分开来，同时，精练的文字也被整齐地码在平滑的线条上。

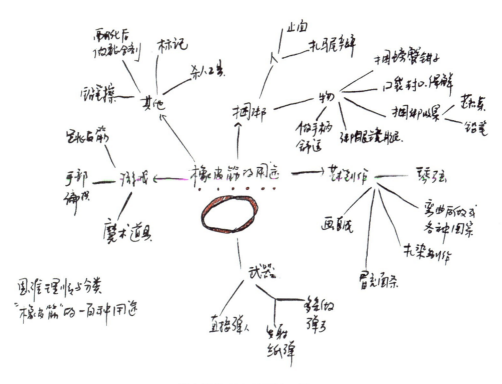

橡皮筋的 100 种用途思维导图

到此为止，一张标准的博赞式思维导图就已经完成了。

你可能会有疑问，这么简单吗？这些内容是如何分组归类的呢？比如，橡皮筋的捆绑、艺术、游戏等功能是如何确定下来的呢？如果给我一堆复杂的事物，我又将如何清晰地分类呢？

下一节介绍一种快捷之法，可以使我们在有限的时间内对信息进行快速整理。

第七节　麦肯锡思维金字塔

1. 一段关于"购物"的对话

日常生活中，去超市购物是再普遍不过的事了，请看下面这段文字。

丈夫要出门买一份报纸，临出家门对妻子说：

"我想去买份报纸，你有什么要我带的吗？"

妻子在丈夫走向衣架拿外衣时说：

"太好了，看到电视上那么多葡萄的广告，我现在也特别想吃葡萄，也许你可以再买袋牛奶。"

丈夫从衣架上拿下外衣，妻子则走进了厨房。

"我看看咱们家的土豆够不够。对了，我想起来了，咱们已经没有鸡蛋了。我看看，对，是该买一些土豆了。"

这时丈夫穿上外衣向门口走去。

"再买些胡萝卜，也可以买些橘子。"

丈夫打开房门。

"还有咸鸭蛋。"

丈夫开始按电梯。

"苹果。"

丈夫走进电梯。

"再买点酸奶。"

"还有吗？"

"没有了，就这些了。"

妻子让丈夫带的东西有葡萄、牛奶、土豆、鸡蛋、胡萝卜、橘子等，种类很多。并且妻子的语速很快，说得也毫无规律和章法。我敢说，丈夫记不住，甚至没准儿回来时发现自己原本要买的报纸也忘记买了。

那怎么办呢？如何在短时间内将它们分组归类，记住更多东西呢？

让我们尝试用麦肯锡思维金字塔的方法来合理地分组归类。

2. 分组与归类

在这里，如果事先把要买的东西在大脑中进行分组归类，短时间内不一定能记住全部信息，但肯定会记住大部分内容。但切记分类不要太过笼统，比如将丈夫要买的报纸归为一类，妻子要买的物品归为另一类。简单是简单，省事是省事，但没有意义，基本上等于没有分类。去超市买东西，我们首先要熟知超市商品的分类。

比如，超市商品主要有三大类：生鲜（水果、蔬菜、肉品、水产、干货）、副食（蛋、奶、各类熟食、糕点）、日常家居用品。

当然也可以这样分类：生品（生肉、水果、蔬菜等）、半成品（粉条、豆腐、香干等）、成品（馒头、蛋糕等）、日常家居用品等。

有了上述超市商品的分类基础，我们再给丈夫的采购单分类就简单多了，如下图所示。

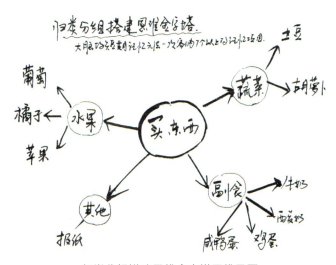

归类分组搭建思维金字塔思维导图

这里面将蔬菜归为一类，水果归为一类，副食归为一类，其他归为一类，即便妻子说得再快，丈夫也会在几个门类中记得一二。比如，水果记住了葡萄，蔬菜记住了土豆，副食记住了牛奶。肯定没忘的，还有他要买的报纸。有了这些在大脑里的分类记忆，在购置物品的过程中，他就会在同样有限的时间内，记住相对多的内容。

比如，记得买水果，他马上就会想起葡萄，又联想起橘子和苹果；记得买蔬菜，他立刻想起了还有土豆，同时又想起新鲜的胡萝卜；记得买副食，牛奶印象深刻，接着又想起了酸奶。林林总总，牵东带西，大部分要买的东西就都想起来了。

幸好这个妻子还比较务实，不是特别唠叨。如果她将要买的东西进行了更细致的分类，那么对于丈夫来讲，就难多了。

比如，妻子叮嘱：买葡萄要买那种本地的、个儿大的巨丰，我想吃甜酸的；苹果买好一点儿的黄元帅，口感面又甜，不硬，给孩子吃；牛奶记得要买"蒙牛"高钙的，来一整箱，记得要看上面的日期，别买鲜牛奶……总之，说了一堆，并附加了很多零碎的条件，信息就太杂太多了。不要说让丈夫凭记忆来买了，就是让她自己去超市，都未必能按条目一一购齐。

3. 让思维更有条理

总之，在原有的知识储备下，搭建起一个个这样的既有体系，一旦信息流涌过来，就能在短时间内将它们进行合理的分组和归类，放到应该放的地方。

这就像去中药铺买药一样，一面高墙前面是一个巨大的小格子矩阵，每个小格子上面都标有中药的名称，如防风、鸡血藤、姜碳、红花等。而药剂师早已将这些品类的位置熟记于心，要什么就伸手拿什么，没有差错。

我们的大脑在记东西的时候，也要人为地搭建起一个个简单或复杂的小格子，分门别类，装可见和不可见的、实体和虚幻的东西。当需要调用的时候，马上开启。

第八节 你已经会画思维导图了,不是吗

1. 看一张国外大师的思维导图

讲到这里,对于如何理解思维导图,想必你心里应该有大致的想法了。现在来看一张国外思维导图大师绘制的作品(见下图)。这张图可以说既陌生又熟悉,陌生的是,图中文字都是英文,如果英文不好,表达和呈现的内容就不是十分清楚;熟悉的是,这个结构和呈现的方式又似曾相识,中心图很形象,很突出,向外扩散,像树由粗到细的庞大枝干,也像巨大章鱼的触角,向四方发散的枝干也是由粗到细。有意思的是,这些触角还分了不同的颜色,形象鲜明,便于区分与记忆。同时,上面又注释了简约的文字,清晰明白,一看就知道怎么回事。为了更加形象化,有的分类还加上了小图来辅助呈现。

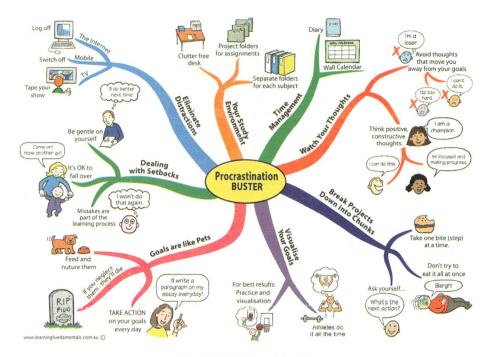

国外思维导图大师的作品

总之，再复杂的图，只要用学到的方法来观察、梳理、提炼，都能变得清晰而透明。明白了其中的道理，入门就不难。结构、形式、文字、逻辑关系、呈现方式都很重要，而主题事物和人物画得像不像，倒不是很重要。只要头脑清晰，敢下笔，就可以落笔成图了。

2. 看一张国内高手的思维导图

国内也有很多优秀的博赞式脑图大师，他们的作品也大都是手绘的。他们很好地领悟了思维导图的精华，掌握的方法、技能与国外的高手不分上下，在构图上也很有自己的想法，在内容上力求多变。另外，他们在文字呈现方式上也做了微调，毕竟中文汉字和国外拉丁字母不同，方块字的造型要注意角度和走势，特别是手绘。有很多初学者按自己的意愿去书写文字，自己倒是顺手了，方便了，但方向偏了，读者阅读起来很别扭。

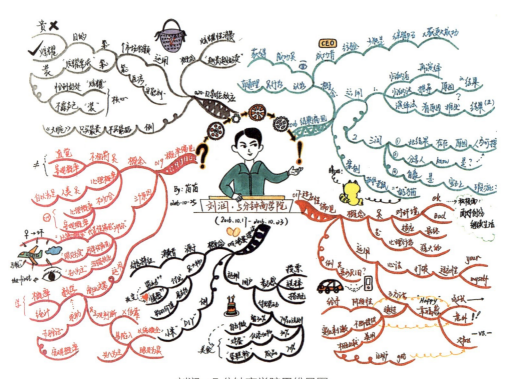

刘润·5分钟商学院思维导图

上图是"摩西脑图"成员苗苗的习作,主题是梳理刘润的 5 分钟商学院知识要点。内容丰富,条目清晰,也是传统博赞图良好的范本。

第九节　思维导图的结构

1. 造型与结构

发散八爪鱼造型是传统博赞式思维导图最常见的造型,有的时候工整对称,有的时候自由伸展。前面讲过,自然界很多的形象都可产生思维的联想,如车轮、树冠、树根、大脑的神经系统等,而八爪鱼更加形象。在大脑里感受一下,它是会动的,会伸展和收缩的。它的爪子不少,向四面八方伸展,和身体相连的部分比较粗大,随后越来越细,伸缩也有长有短。

2. 主图和附图

思维导图的核心主图承载和突出整体内容的"中心思想",如果你的美术基础不错,画工一流,我建议在中心图上多花点工夫。当然一定要符合文意,让读者聚焦,一眼到位,直接看到重点,捕捉到核心信息。如果美术基础不好也没关系,思维导图本身并不是艺术品,而是实用性很强的记忆工具。把中心思想提炼出来,画个"云彩圈",在里面写文字即可。如果是自己用,构想、策划、打草稿后直接写字、绘线图也是可以的。

辅助小图都不大,但都很有趣,属于简约型、小品类。将之贴在枝杈的尾端作为形象补充,便于对所述事物进行具体描绘。但别为了画图浪费太多时间,文字已经很清晰了,如果每个分支都来一个小图,就相当于又画上一遍,费时费力。

3. 分支和分级

八爪鱼式的思维导图里面会有多样分支和多重分级。分支的数量多少取决于内容的简单与丰富，分级的数量取决于对内容的纵深理解程度。

一般不建议初学者用复杂的分支和分级来呈现事物，因为有的时候会把自己搞糊涂，头绪会更乱。大致呈现顺序通常是从右上开始，这说的是传统博赞式的思维导图。如果是创新样式的思维导图就不同了，你可以自行设定目光的关注点和起始点，引导读者跟随你的想法走。

不过，对于传统的思维导图绘制初学者来说，刚开始时建议绘制得标准一些，对称一些，会更美观，也更易于操作，熟练之后再自由发挥。

思维导图的分支和分级

4. 扩展学习

传统型的思维导图便于我们整理归纳知识，同时也有利于我们扩展学习。

例如摩西（就是我的名字），首先，根据自己的知识储备，我已知的摩西的名字（Moses）有如下三个：①希伯来的先知摩西；②日本人打电话时的"喂、喂"的称呼（他们说"摩西、摩西"，音似）；③国外绘画技术很好又勤奋的摩西老奶奶。后来通过看书扩充知识后又加了几个：④篮球明星摩西·马龙；⑤哲学家摩西·门德尔松；⑥以色列将军摩西·达杨。从①到⑥，丰富了很多，不是吗？有的是之前知道的，是旧知识，有的是后来扩充的。

我们再看知识的延伸，再外延一级就可以。①先知"摩西"可以延伸到他的诸多大事记，如摩西十诫、出埃及记、杖分红海等；②日本人打电话的称呼，可以延伸出一个专卖日货的网购平台"摩西网"，因为这个关联性太强了，一说"摩西、摩西"就想到了日本；③摩西奶奶可以延伸到她的传奇人生，75岁开始学画，80岁办画展，90岁扬名世界，她的故事太励志了；④摩西·马龙是NBA(National Basketball Association，美国职业篮球联赛）的著名球星，知道的人不少；⑤摩西·门德尔松是哲学家，他的儿子是银行家，他的孙子更是知名的作曲家，就是《仲夏夜之梦序曲》的作者；⑥摩西·达杨，有些人也知道，是以色列外交部长，复国功臣，著名的"独眼将军"。

以上这些内容可以用下图来表示。

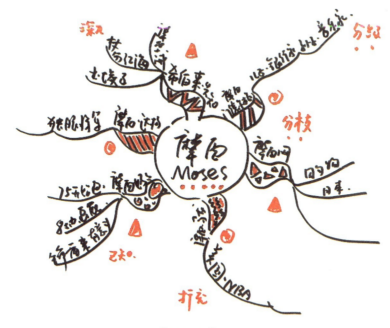

"摩西"思维导图

上图虽然内容不少，但形式依然比较常见，我们再来看一个复杂的。

新加坡虽是亚洲国家，却很重视思维导图在中小学教育里的传播。政府大力助推，举办过影响力颇大的国际赛事，创作出了很多震撼人心的作品。

国内一线城市推行思维导图教育也比较久了，有的甚至在传统博赞图的基础上有了更好的发挥。

下图讲述的是中华五千年的历史，纵横千年，宏伟壮阔。里面有众多的历史人物、各种重要的时间节点、各类璀璨的文明之物，经纬编织。有数十个分支，数十层分级，异常复杂。这个体量肯定是一个既庞大又专业的绘制小组花了很长时间才完成的。

这种思维导图我们平时接触的不多，体量太大，看看就好。

世界上最大的思维导图

5. 文字和关系

思维导图是图文混合体，它将图形结构的形象和文字的意义完美地、有机地结合起来。图形和文字同等重要，缺一不可。图形的重点是造型、结构，简约又形象，可捕捉，可辨识，一下直抵中心；文字的重点是精练、概括性强，配合着图形，可以让人很好地梳理内容、联通内容。

　　文字和思维导图的关系就好像是缠绕在松树上的古藤，时间久了，古藤随着枝干的走向攀伏在树上，已几近同体。书写文字也要流畅不啰唆，以简洁为主，一般词语、短语、极短句都可以。越短，通常表明归纳总结能力越强，表明做事越干脆利落。

　　当然，还是有些特例，如我们自己创作出来的思维导图，这些图的造型不再是单一的"八爪鱼"，它们有着万千变化；分类也有多种形式，不再简单平淡；至于文字，变化更大，有很多时候，在解读文章、讲座内容或书籍时，为了把作者的意图表现清楚，我们丰富了词组，甚至加上了长词或短句。这更需要创作者有很强的文字总结、归纳、提炼、整理能力。

第十节　绘画工具

　　绘制导图的时候，我们需要准备好以下工具。

1. 草稿本

　　一般情况下，普通的纸就可以用来打草稿；资源贫乏时，随手拈来的任何能画的材质都可以用来打草稿。

　　如果有个本子就更好了，最好是便携式草稿本，可揣在兜里的，走到哪儿画到哪儿。

　　正式一些的是无印良品生产的"再生纸"草稿本，经济实惠，好用又环保。

　　再棒一些的有无墨电子便签本，里面绘出的画可以随时保存与上传。

　　下图是本子的样式。

草稿本样式

2. 写字的笔

思维导图是图文混合的艺术,两者都是灵魂,缺一不可。只要能写文字,什么笔都可以,如圆珠笔、签字笔甚至铅笔。但我觉得想要写出感觉,写得有韵味、有笔锋,最好还是用钢笔,特别是那种弯尖的艺术钢笔。不一定要买大牌子,到普通的文具店就能买到这种钢笔。

写字的笔

3. 画图的笔

画图的笔也有很多，常用的是彩铅，普通的、水溶性的都可以。颜色最好鲜艳一些、不易掉色。

油彩笔，我常用的是无印良品的双头油彩笔，它有多种颜色可选，我最常用的是黑色、红色和蓝色。这种油彩笔颜色清晰，不易洇纸，非常好用。

画图的笔

4. 绘图辅助工具

绘图呈现一般分为3种，第一种是给自己看的，潦草一些，简单一些没关系，自己看明白就行。这种图对工具基本没什么要求。

第二种是要分享给别人看的，需要清晰、明白、工整，尽量让人在较短的时间内看明白。画这种图，工具尽量要正式，质量要稳定。

第三种是应用于商业用途中的，要求就更高。除了兼具第二种绘图的要求外，还要求圆要更圆，线要更直，对称要更工整。因此，我们要用专业的辅助工具，如尺子、圆规等。我刚开始绘图时，也没在意，直线觉得还可以，圆也挺圆，但整体画完了，要拍照上传时才发现，由于绘图时坐着的视角有问题，所谓的直线其实偏离得很远，而圆形也显得变形走样。后来就把"相信自己"改成"相信工具"，成图效果就好多了！

尺子

5. A4 白纸

绘图的正式稿件我多会保留下来，不管是要应用于商业用途，还是由于自己的收藏喜好。同时，为了更好地呈现，我会用普通的白色打印纸来完成我最后的成图绘制。

这样做的好处是：一是规格标准，简单易找；二是性价比高，质量不错的名牌打印纸，500 张也就二三十元；三是拍照、扫描方便，纯色白底，无纹理，映色比较纯。

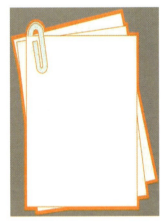

白纸

6. 文件夹

对于 A4 白纸上的绘图作品，我会用文件夹来保存，这也延续了我在公司工作时的习惯。文件夹内页是透明薄膜，一页可以放置正反两张。所以 60 内页透明膜的文件夹能放 120 张成图作品。每天一张作品的话，我四个月的作品用一个文件夹就可以全部保存下来。

每隔一段时间，我就会把作品拿出来，温故、复盘和重构。想想当初绘图时的背景，想想当时自己的心态，同时思考现在的时间和空间已发生变化，如果面对同样一个主题，我还会以这种形式呈现吗？如果不是，又会是什么形式呢？

这种温故、复盘和重构的方法，对我来说，受益匪浅。

文件夹

7. 扫描工具

绘制好的思维导图作品如果想借助互联网进行广泛的传播，并想在云端稳定长久地保留，就需要进行扫描上传。大型、专业的扫描仪肯定是个不错的选择，但从便捷角度来讲，扫描仪极为不便，而手机自带的拍照功能，无论怎么高清，都有较多噪点，达不到真正满意的效果。

还好，网上有一款被称为"CS 扫描全能王"的 APP 可以免费使用。这款软件方便、易用，稍加练习就可以较熟练地使用。当然，前提条件是需要拍照环境光线充足，调整好摄影角度，并尽量避开手机和手臂投下的阴影。

全部扫描后可转换成 JPG 格式的图片并存储在手机的图库里，可以随时调用。

我的大部分作品都是首发移动互联网，CS 扫描全能王虽然达不到大型扫描仪专业级的水准，但比一般的手机拍照确实好太多了。

8. 修图工具

（1）Photoshop。这是一款专业的图形图像处理软件，会用的人很多，处理图像的效果也极佳。应对不完美的手绘思维导图修补工作，Photoshop 绝对是首选。上色，加框，标文字，各种小细节的增删，各种滤镜的使用，操作起来都十分令人满意。但是，缺点也有：在移动的手机端应用不太方便，综合体验效果和成图效率都不高。

（2）美图秀秀。美图秀秀专为美图而生，功能智能化，安装方便，使用快捷，功能多变，上手容易，是众多绘图者的首选。

图片的裁切，色彩的调节，加一些常规的滤镜，最后修整一下边框——我常用的就是这些基础功能。

值得提醒的是，有一些美颜、炫图、非主流的滤镜功能尽量不要乱用，因为会造成喧宾夺主的效果。

（3）Picsart 照片编辑器。这款软件效果不错，专业程度介于 Photoshop 和美图秀秀之间。修出来的图是专业级的，但手机端的 APP 有时使用时会遇到一些小问题，需要一点耐心。

自测 练习

1. 日常用品的延伸举例如下。

（1）牙膏的 100 种用途（文字提示仅供参考）。

牙膏真的只是用来刷牙的吗？如果你把整个牙膏拆解，你会大致得到牙膏体、牙膏皮和牙膏帽。如果再将这三项功能分别扩展，你就能看到更丰富的内容。

牙膏体本身能刷牙，但是这些凝膏状的东西是由什么材料制造出来的？它有什么功效？能消炎，能止痛，能去痒，还能干什么？

牙膏皮上可以有很多的图和文字，是用来宣传还是用来装饰？它还能做什么呢？几十年前，牙膏皮的工艺没这么好，材料没这么丰富，很多还是用金属制造的，如锡或铅。听说早年在农村，有人家里的锅漏了，就是用牙膏皮来补的。现在的 90 后听到这些故事，会觉得不可思议吧。

牙膏帽很小，但也很精致，你可以用它来做很多事。一只可以拿来做什么？做个小卡通人头上的帽子。一堆可以拿来做什么？串起来做个项链——好棒，又霸气，颗粒又大。

就顺着这个脑洞想下去。下图所示为"摩西脑图"学员所绘的有关牙膏用途的思维导图。

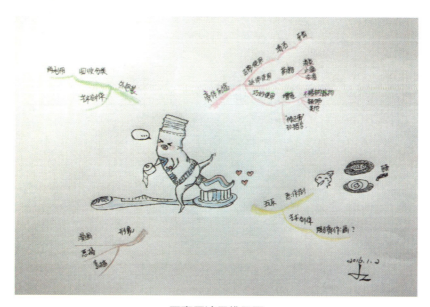

牙膏用途思维导图

（2）砖头的 100 种用途(文字提示仅供参考)。

砖头只是用来盖房子的吗？如果它被磨成粉、打成块呢？一堆砖头是不是用途就更广了？文化和它沾边吗？历史呢？如果你要练肌肉，手头没有器械，刚好有几

砖头

块砖头,你会怎么做?网上的"拍砖"是什么意思?

总之,别怕多想,别怕想得奇葩,想法越多,心中的世界就越广阔。

(3)手机的100种用途(文字提示仅供参考)。

手机只是用来打电话的吗?它最初的功能是这么设计的。几十年前,还真就有时髦的女性拎着一台巨大无比的可移动台式电话机上街,一边逛街一边打电话。

但现在不同了,手机的智能化使你可以用手机做很多你想做的事。

看书、听歌、玩游戏、交朋友、学知识……无所不能。未来手机还能做些什么,那就看你需要什么了。下图所示为"摩西脑图"学员所绘的"论手机的取代性功能"思维导图。

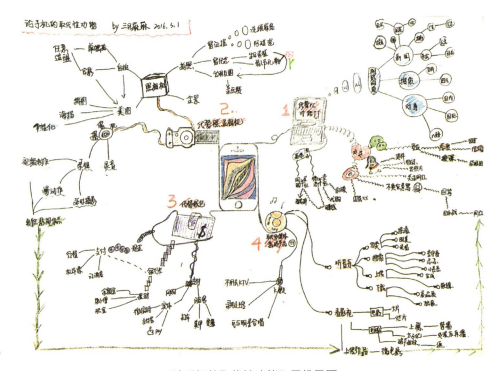

"论手机的取代性功能"思维导图

(4)曲别针的100种用途。

曲别针只是用来夹文档的吗?不是!

有一个用曲别针换别墅的故事。很多年前,一个人异想天开,拿着一个曲别针上大街上去换别墅。刚开始,你是知道的,大家都认为他脑子进水了,可没过多久真的有人用书和他换,然后用滑板换,接着用自行车换……换的东西越来越有意思,价格也越来越高。到最后,有一个人用一栋别墅的一年使用权和他当时手里的物件做了交换。连他自己也没想到,这都是一个小小的曲别针带来的。

曲别针和其他物品一样,仅仅是个载体,却带给你更多的可能。

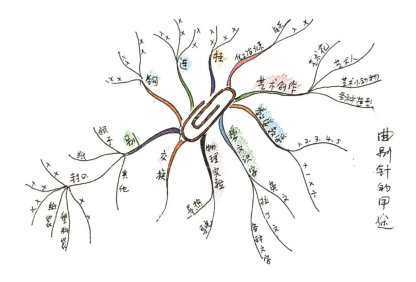

曲别针的用途思维导图

(5)改变世界的"苹果"。

苹果只是用来吃的吗?以前或许是这样,口味清脆香甜的苹果在清朝道光年间才传入中国。因其价廉物美,从贵族阶层到普罗大众都喜欢吃。但时至今日,境况已发生很大变化,你若再提起"苹果",就不只是表示用来吃的苹果了。你说"我要买苹果",你说"把苹果给我拿过来",而拿到你面前的不一定是你想要的,但它的的确确就是"苹果"。

每个人的脑海里都有很多鲜明的"苹果"形象,有的很清晰,有的却在大脑的深处潜藏。比如说,发现之果——牛顿万有引力的苹果,活力之果——筷子兄弟的歌曲《小苹果》,通信之果——苹果公司的手机,邪恶之果——女巫给白雪公主的苹果,忧伤之果——涂了氰化钾、毒死天才科学家图灵的苹果……还有很多,不能尽述。这些形象平时都沉默在大脑里,但在这一刻,它们被"苹果"唤醒了。下图所示为"摩西脑图"学员陈文所绘的有关"苹果"的思维导图。

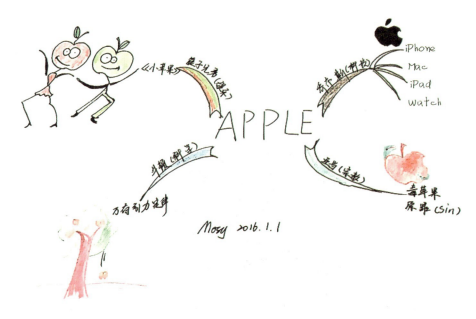

有关"苹果"的思维导图

2. 超市疯狂大采购，练习分组归类法。

说明：假设一周不出门，去超市买足吃的、喝的和用的，来练习自己的分组归类能力。当然，去超市要多留意，不少货架上面都挂着分类的大牌子，如生鲜区、副食区等。

3. 自然界有着近似发散式思维造型的事物，你还知道哪些？尝试着画下来。

说明：没有？光芒万丈的太阳，你说是不是？

4. 聚合思维练习：什么东西"涨"了？

说明：这是练习聚合思维的，和"什么东西要封口"意思是一样的，如工资涨了。

5. 绘画工具还有很多，你能再想一些吗？

说明：画图工具不限于马克笔和绘图本，还有很多是信手拈来的，到底还有哪些？用思维导图做个分类，画个图梳理一下。

案例欣赏

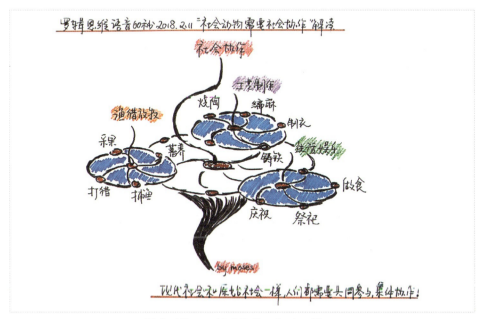

"社会动物需要社会协作"解读思维导图

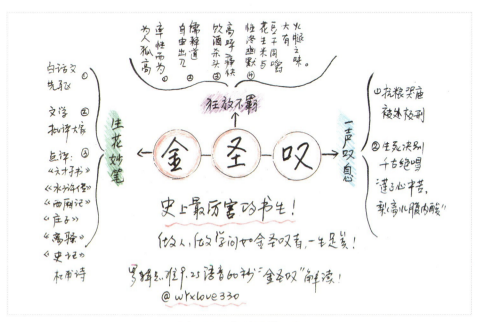

"金圣叹"解读思维导图

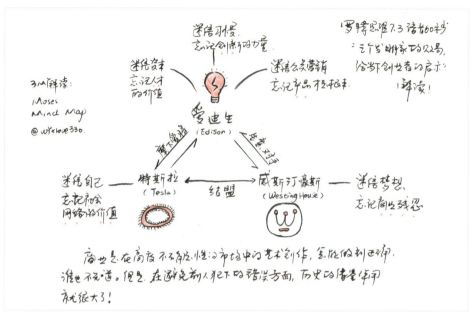

"三个发明家的败局给当下创业者的启示"解读思维导图

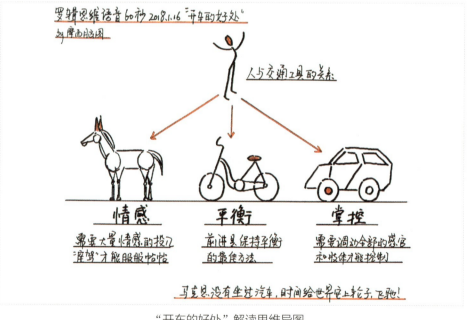

"开车的好处"解读思维导图

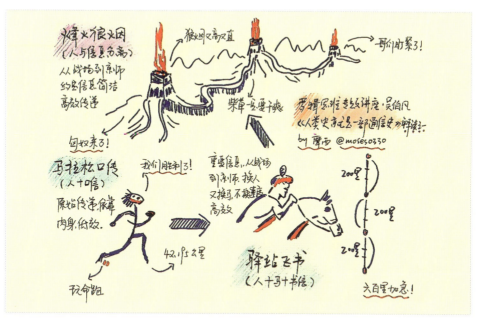

"人类史就是一部通信史"解读解读思维导图

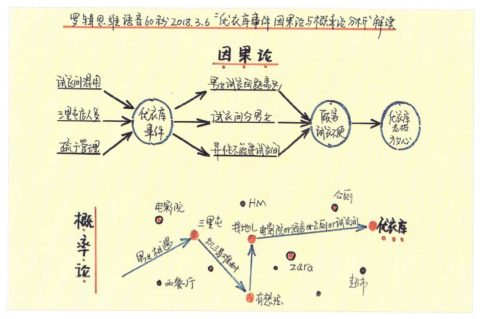

"优衣库事件因果论与概率论分析"解读思维导图

第三章

创新思维

第一节　自由的思维

1. 思维是自由的

　　思维是方法，是指大脑按一定的规律去思考。其呈现的关系是有序的，有条理的，如逻辑思维。而思考是思维的根源，是过程，是在大脑里打转儿，是上下左右碰撞，时而激情澎湃，时而婉约平静，总是一直在进行中。思想是思维活动的结果，将人类的想法总结成理论，拿来教化、指导和引领后来者，如孔子的《论语》。

　　思维是自由的，纵横天地。你可以困住一个人的身体，可以约束他的言行，但绝对禁锢不了一个人的思维。

2. 思维是发散的

　　思维是发散的，它可以从一个点触发，然后向无数点引爆，互通互联，交叉互感，无限延伸。它有更多样式，也有更多可能，并非固定不变，并非单一存续。像车轮的发散之形，榕树的互联互通，神经系统的无限连接，老子的宇宙生成论，数字中的倍数级增长，都是发散而来的万千变化。

3. 思维是不受限的

思维是不受限的，一扇窗，一堵墙，一条河流，一道山脉，休想挡住它的去路。你可以伫立在北京的闹市街区，脑海里想着远在万里的非洲大草原。你也可以在万米高空吃着飞机餐，想着脱壳的稻谷千百年来对人类的贡献。

当然也可以不只限于想，而是落笔把你的想法画出来！

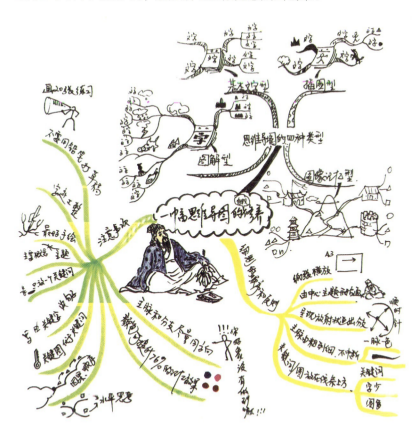

"一幅思维导图的自我修养"思维导图（"摩西脑图"成员老应的作品）

如果你的手很麻利，在纸面上画动的速度可以赶得上思维奔跑的速度，这个时候你便会觉得似有神助，方向自由，内容无穷。

传统的软件当然也可以引导人们发散内容，但其中固化的工具、相同的方法、存储的大量模板，注定让你在一开始就走上一条看似和别人不同，实际上却又和他人重合的道路。

传统的、单一样式的博赞思维导图也是如此。虽然人们也采用手绘的方式，但为了更方便、更轻巧，通常一上来就是"八爪鱼"模式，从中间向外扩散。这种仿佛被固化的样式，如果长久进行下去，思维就会被无形的模板"套牢"。我认为这是不利于创新的。

第二节　思维导图随手画

1. 工具、材料是次要的

对于手绘思维导图来说，好的材料只是形式，绝非必要。什么 128 色的德国进口水溶性彩铅，什么大 16 开道林纸精制的速写本……如果你的成图技法真的到了一定水准，而且商业合作机构也刻意要求某种规格和某种品质，那无可非议。若非必要，2 元钱的签字笔，1 元钱的便签纸，也可以把一个好的想法展现得出神入化。

我的脑图就用过很多奇葩材料的工具。

2. 手头有什么就用什么

我的工作和教育相关，早期我的办公室是由教室改装的，我非常喜欢它，为什么？因为里面有块超级大的多媒体黑板，合上后，整面可以写字，打开一面后，连通投影，可以直接实现可视化办公。

我喜欢它可能源于自己少年时代在学校里常年绘制黑板报的经历。用粉笔在黑板上绘图有很多好处，幅面够大，空间够自由，彩色粉笔呈现的内容更丰富，浸湿的抹布随手就可以擦掉画错的分支和写错的字。

一个人在房间里冥想、构思时，我会走来走去，也会驻足停留。灵光乍现时，就急速走到黑板前，拿起粉笔飞快地画起来。与此同时，周边的地面上、我的衣服上和手上也都沾满了彩色的粉尘。我沉浸其中，不停地画着，感觉自己那一刻就像一个艺术家。

有的时候，我在这间大的办公室里给部门员工开会，人虽然很多，但很安静，从会议开始就这样，为什么呢？因为他们一进来，就能看到黑板上那幅大大的"思维导图"，上面有项目分析，有流程，有人员分工，也有彼此之间的协调。每个人、每个小组都会在上面看到和自己相关的内容，一目了然。安排工作，依图讲解既形象又高效，在既定的时间内，都能落实到位。有的时候，我还会留一部分做现场绘制，这部分有可能是要大家现场讨论后才会有结果，也有可能是我想让某些岗位的员工加深印象，邀请他们走上讲台亲自绘制。总之，这种独创的视觉工作法效果很好，员工们都是笑着走进会议室，最后满意轻松地离开。

甚至有的时候，我在这里和老板（投资人）讨论下一步的发展和在某个阶段遇到的问题。他（她）的业务分叉很多，通常很忙，有时之前的事情很难一下回想起来，当下的事情也不太清楚，未来还未发生的不知和哪部分有关联。这时，为了节省时间，让叙述更高效，我会直接走上讲台，一边说，一边落笔绘图。此时的图无比简约，就是一些圈、线、箭头和想法的提炼及注释的关键字等。最后，讲完了，也画完了，领导及合作伙伴也明白了。

办公室里可以移动的白板、镶在墙上的玻璃板和办公室的玻璃围挡，也有异曲同工之妙。并且这种感觉会更奇妙，像是在透明的墙上画，还有点像VR（Virtual Reality，虚拟现实）影像中投射在空气中的透明屏幕一般。

我在高端的语言培训机构工作过很长一段时间，管理过市场和销售业务。由于是大单销售，每单都不会低于万元。咨询师的办公室通常设备齐全，有办公家具，有计算机，有大的LED显示屏，也有镶在墙上的白板和玻璃板。咨询师在给客户介绍课程时，通常会将几种方法都用上，如展示图文手册和多媒体宣传片等。

有时为了更形象、更清晰地呈现学习的内容，他们会根据不同的情况，在玻璃板上进行文字书写和绘图说明。用心又专业的咨询师洋洋洒洒，戳戳点点，画得很形象。我经常发现客户点头称赞，还掏出手机来拍照，好回去仔细分析，或和家人详细讨论。这个时候，我都会心地一笑，心想，这个单又成了。即便客户不交款参加培训，他们也会发自内心地认为，这里的咨询师很专业，业务很精湛，会自觉地帮助这家培训机构做宣传，让更符合条件的亲戚朋友来学习。这样，咨询的客户在无形中就成了我们的宣传载体。

　　如今，电子读物很普及，但我还是会经常买纸质书籍，总感觉这样读书才是真正的读书。看书的时候，我会随手拿上一支笔，读到酣畅淋漓的时候，或碰到疑惑的地方，我都习惯在书本的空白处画一画，将以前了解过的知识点放到此处关联对比分析。这样做，一是怕自己忘了，二是放在一起对照的时候更直观，有时还能触发新的联想。

　　顺便提醒一句，千万别在别人和公共的图书上画来画去。

　　有的时候，环境和条件不允许，手头没有合适的书写材料，我拿着一支笔，逡巡良久。刚刚买的卫生纸，可不可以画呢？你没有听错，就是卫生纸。在前面我们也提到手绘的快捷方便与材料的获取有很大关系，例如卫生纸，特别是那种三层的、洁白的，中性笔落在纸上触感不错，画起来行云流水，感觉比在专业绘图本上画还要好。我的很多草图都是在卫生纸上打稿的。最近一两年，人们的环保意识逐渐兴起，市面上出现了很多竹纤维的卫生纸，颜色还是原生的草色，搭上炭黑笔迹的图，效果也是非常棒的。

　　读罢这一长段文字，你有什么感想就要立刻画下来，千万不要被外在物质绑架，不要受思想束缚，不要被他人裹挟，这才是创作的真谛。

　　不一定非得在一个安静的午后，斜倚飘窗，看着风景，喝着咖啡才能读书；也不一定非得燃着熏香，宽衣大褂，净手洁面后才去画图。有感觉了就信手而出，一气呵成，远比这些外在的形式重要得多。

3. 从草稿到正文

　　画一张正儿八经的思维导图是挺费劲儿的。先不说准备和构思的阶段，单单从绘制草稿到最终成图，就得经过数遍的打磨。

我绘制一幅商业思维导图的流程是这样的：如果是分析书籍或解读文章，通常会看三遍以上的内容才会有感觉；如果之前有读过或者有这方面的积累，构思之后，行文绘图就会很快；如果是要对一个新项目或者是冷门的科学知识分析，就得多想想了，不仅要找相关的书籍阅读，还要问问周边的朋友，并在互联网上查询相关的资料，然后把这些信息统统装进自己的脑袋，让它们在那里飞行、交流、碰撞、重混。有了感觉后，便开始绘图。

我通常会在"再生纸"的草稿本上先绘制出底稿。底稿通常很乱，并且需要绘制几张以供选择。

选定基础稿之后，我会在一个 A4 规格的本子上绘制正式稿。此稿中，整体的造型结构、各种关系表达、提炼的文字都要落实。

接着是画最终成图。用 A4 单页纸附在正式文稿上，将布局、结构、图形关键点都复制其上，另将文字按位置正式书写好。当然，这一切都是用铅笔完成的。

然后，用彩铅或油彩笔绘图，用钢笔写字。

最后，用好一点的橡皮将原稿中的铅笔字迹一一擦去。

纸质文稿到此就算告一段落，但这还没结束。由于大多思维导图都是坐在桌前完成的，有时绘图的视角，特别是横纵线，和实际的视角还是有些不同的。有的时候，一稿下来，觉得还行，可是站起来再看，就感觉第一遍的画线倾斜得很厉害，文字也随之上扬或下抑，效果不怎么理想。

没有办法，铺开纸，接着再画。

罗胖儿说，他每天的"语音60秒"，文字和时间都拿捏得那么好，并没什么秘诀，就是录制多遍。少则三到五遍，多则三五十遍，这我相信！有一幅《耶路撒冷三千年》的思维导图，我前后画了八稿，如下图所示。构图、形式、文字提炼、图文对应、整体协调、金句总结等，改了多次，每次画完都觉得不甚满意。最后实在没办法要交稿了，我拿出最后一版，觉得就像爱因斯坦的第三只小板凳，虽然还是丑，但毕竟有了进步。不过话又说回来，这个不断复盘升级的方法，对我掌握这段知识还是有极大好处的。

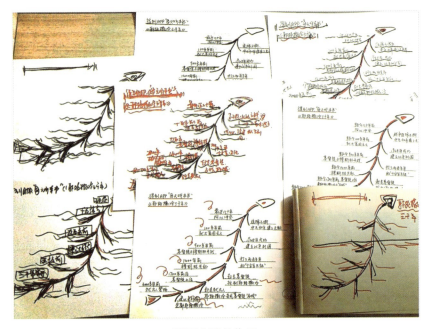

画了八稿的作品

也许,这就是所谓的"死磕"!

第三节　思维导图随心画

1. 想到什么画什么

如果思维导图没有固定的主题,要画什么?我的主职是做教育培训行业管理咨询,一个教育项目,从整体策划到具体实施,文字方案肯定是要有的,但是架构之初,成文之前,我一般都要做大量的思考,并绘制无数的关系图、思维导图、流程图来协助我完成这些复杂的项目。

一个实际的项目来了,我的头脑里马上开始思考。一边思考,一边在黑板上戳戳点点,写文绘图。

合作伙伴推出这样的项目，目的为何？打品牌吗？验证想法吗？增加营收吗？抵御竞争对手吗？锻炼团队吗？总有一款适合他们。经过多年的行业积累和经验总结，我往往也能做到在解决"Why"的问题上一语中的。

接下来是问自己如何开始，也就是黄金圈中间层的"How"，如立项、安排工作、组织资源、协调内部合作、边做边完善、突发情况处理等。这个步骤虽然在中间，属于执行层面，但在目标之下的具体落实异常重要。

最后是实施结果（What），也就是黄金圈的最外层。套用一句时下流行的嘻哈语"一切不以结婚为目的的谈恋爱都是耍流氓"，放在这里是："一切不以结果为导向的工作都是瞎忙活。"例如，做推广就要找到精准的目标客户群，然后把自己的产品和服务推荐给他们；打品牌就要使公司形象、企业文化、拳头产品让更多人知道和了解；销售的结果就是拿出令人惊艳的销售业绩来，专注自己的目标，别无他法。

2. 听到什么画什么

想要快速成图，准确地对项目做出判断，就需要常年的知识积累、刻意的思维训练和大量的手绘练习。

在平时的工作和生活中，我会积累大量的知识点，有的时候觉得"听"比"读"还方便。社会发展迅速，让人觉得时间好像变快了，我们在工作的同时，利用碎片时间和叠加时间来积累知识，似乎是最好的选择。比如，时下流行的一些移动互联网知识平台"得到""喜马拉雅FM""蜻蜓FM""樊登读书会""混沌大学"等，我会在上面订阅很多不同行业的"大咖"的栏目，看他们最新发表的文章，听他们刚刚录制的音频，分析他们最新的观点。

早上起来跑步的时候，我会听，我知道我不会成为专业的马拉松运动员，所以边慢跑边听音频是我早晨运动的标配。中午蜷在沙发上休息时，也会听一段，那时候比较放松，在半醒半昧的状态里，有些内容感觉是浮云掠耳，但有些肯定记在了人脑的潜意识里。在厨房准备晚餐时，我把手机放在窗台上，一边做饭一边听。有时抽油烟机的声音会盖过音频，但我十分明白，有位"大咖"就在旁边。另外，在卫生间里的大段时间我也绝不浪费：以前通常是看书，我家的卫生间里常年放着几本有意思的书;后来通过手机听音频、看视频的时候比较多。古人学习有三上之说——马上、枕上、厕上,我觉得无论在什么地方,主动求知都是享受。

不过有些朋友会说,三心二意会使记忆效果不太好吧。这些混杂在一起的知识,你记得住吗?我知道我会记住的。

有些知识,当时我有印象,但现在不记得了,是真的不记得了吗?其实不然,这很像你小时候喝过的奶、吃过的肉,虽然现在不可见,但是它的营养早已转化成你的肌肉和骨骼。

不仅如此,知识在被转化吸收的同时,还潜伏在某个角落,等待合适的时机来临,被唤醒,被激发,被碰撞,被重混,从而产生新的创意。

很多知识"大咖"就是这么做的,我追随而来,正在路上。下图所示为我听过《观复嘟嘟》其中一期节目后画下的思维导图。

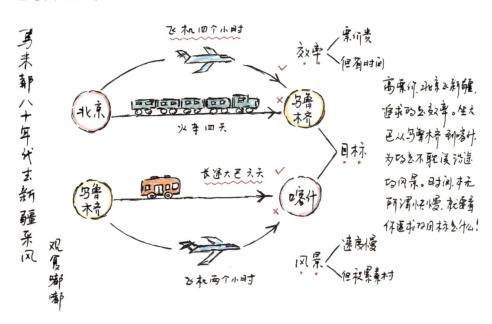

"马未都八十年代去新疆采风"思维导图

3. 看到什么画什么

佛家讲"色、声、香、味、触"五感,其中视觉平时用得最多,无论你做什么,都会用眼睛看，去观察、审视。

读到一篇美文，讲人性，你有感而发，画了一张思维导图；看到一则新闻，心里汹涌澎湃，想解读前因后果，你又画一张；超市里琳琅满目的商品，好想给它分个类，你又画了一张；旅行途中，一处古迹触发了你脑中的一段历史，使你仿佛又回到了那波澜壮阔的年代，你又画了一张；早上漱口刷牙，你望着牙膏出神，除了清洁之外它的功效还有哪些呢……你又接连画了好几张。

总之，大千世界，无奇不有，无奇不美，一切都有生命和信息存在，如果你看到后，把它用思维导图的形式展现出来，理解和记忆的层次就会更高一些。

4. 很多创意是在旅途中和咖啡馆里诞生的

前面讲了绘图材料，再说说绘图环境。有些人对这个要求很苛刻，办公室里要安静，家里最好有书房，但凡同事们开个玩笑，小孩子玩闹一下，便什么也做不了。还有条件更苛刻的，比如必须倚在飘窗处，房间里点燃熏香才能开始。

想得是不错，先不说达到这样的条件多不容易，如果这些条件真的都达到了，你又能读下几页书，画好几幅图，生成多少想法和创意呢？

我获取知识的方法是多样的，从来不苛求环境和条件。很多咖啡馆空间大，咖啡香，服务好，我就喜欢在咖啡馆办公。但是咖啡馆的环境你是改变不了的，无时不在的背景音乐，无时不在的各色人等，有时会有喧闹之感。而我就是在这样的环境中看了一本本书，写下一段段文字。

如果出差时间在 8 小时之内，我喜欢坐高铁，速度快，又舒适，个人空间比飞机座位要宽大，且受恶劣天气的影响较小。在那几个小时里，我会阅读书籍，安排工作，准备课件，用笔记本电脑写文章，用绘图本画图。感觉在那几个小时中，我的工作和学习效率是最高的，有很多很棒的创意都是在飞驰的高铁上产生的。

所以，千万别纠结你现在身处的环境和现在拥有的条件，掌握好当下，坚持下来，成功只是早晚。下图所示为"摩西脑图"成员老应的作品，大量的练习和全情投入使他的作品有信手拈来的自然感和熟练感。

"个人管理"思维导图

第四节　创新思维的形成

1. 观察世界的新视角

世界是立体的，是多维的。有些事情，如果你不从局中跳出来，很难辨清事实；有些事情，如果你不学会在高处俯视，很难看清全貌；而有些事情，如果你不去亲自体验一下，是不会知道真相的。

新思维给了我们新机会，新机会给了我们新世界。

一个普通的茶杯，如果你从上面俯视，它就是个圆圈。一只普通的铅笔，如果从底部往上看，它就是一个小点。极高的天空，有一条长长的雾线拉过，虽然你看不到，但你知道它的前面肯定是一架飞机。

总之，万事皆有联系，事事皆有因果。放大格局、开阔视野、多维思考才会尽可能真实地看清事物的本质，产生不一样的结果。

下面看一个实际生活中的案例。

2. 斯坦福大学的低成本创业实验

这个经典案例清晰地阐述了不同思维所带来的不同结果。

斯坦福大学是世界上著名的学府之一。有一天，斯坦福大学某个班的教授给学生们布置了一个低成本的创业实践活动——"5-2-3快速致富"。具体操作是：把班里的学生分成若干小组，每组发5美元，让他们用2小时去社会上想办法挣钱，方法不限。隔天每组再花3分钟进行复盘论述，例如，如何产生的创意，如何去实施，如何分工，最后赚了多少钱，从这个实践活动中体会到了什么，学习到了什么，等等。

现在开始实施。

有的小组突发奇想，想用这5美元去买彩票，期待一夜暴富，结果他们血本无归。有的小组去搞小批发，从东市买来饮料，然后到西市去卖，结果由于时间短，本金少，效果也不尽如人意，才赚了几块钱，时间就到了。

不过也有与众不同的小组。有的小组看到了社会上热门餐厅的生意。在饭点儿时，如果想和朋友在热门餐厅享用一份物美价廉的美餐，其实是很难的，因为大多数人的想法也是如此。此时大家都要排队，等排上一两个小时的长队，饭菜上桌时，你的胃口却大打折扣。关键是你的心情无时无刻不在焦躁，因为错过了吃饭的时间，后面的其他安排也就要泡汤了。这时候要是有人说，我这里的排号靠前，你愿不愿意花点钱买过来。我想，聪明的朋友是不会拒绝的。2个小时的时间，这个热门餐厅小组通过站队、取号、找目标、做推广、具体营销说服最终成单，干得热火朝天，赚得盆满钵满。时间不长，两三百美元就到手了。

当然还有更棒的，他们和上面这个小组类似，也善于观察和认真了解社会的需求。对于世界名校来讲，学生就是资源，无数的科技公司都希望在这里——斯坦福大学招聘到自己心仪的员工，或者是创业的合作伙伴。如果院系，哪怕是某个小团体或班级能安排一小段时间，让他们宣讲自己公司的理念，发布招工的信息，他们愿支出数百美元的预算。

最后真的有小组这么做了，他们把这个活动的最后 3 分钟展示时间卖给了一家公司，而价格也是喜人的，足足有 650 美元。公司也心满意足，因为这笔钱要远远低于他们的招工推广预算。

同样是名牌学校，同样是低成本，同样限定时间创业，最终每组达成的结果却有天壤之别。关键是，最后收入不错的小组根本就没有用动老师给他们的 5 美元本金。

3. 我有思维和我要思维

我们总结一下上面的"低成本创业实验"，如下图所示。

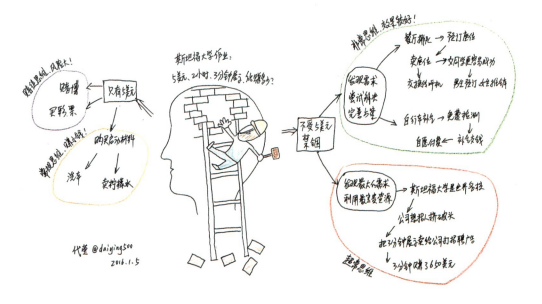

斯坦福大学"5-2-3 快速致富"实践活动思维导图（"摩西脑图"成员代莹作品）

一类人利用已有的资源，然后去做事，这种模式中规中矩，完全是传统的想法，十足的"我有思维"。当然，利用自己手头现有的条件去创造机会、达成目标，这样较稳妥，但缺乏创新，容易禁锢自己前行的脚步，很难取得令人惊喜的成绩。

在当今高速发展的移动互联网社会，无论是创业者还是公司里的执行者，都不要将自己禁锢在"我有思维"上。

另一类是"我要思维"，拥有这种思维的人会确定最终的完成目标，然后沿着这个目标去反推，寻找可支撑的资源、可用的方法和可协作的人脉，最终达成目标，甚至超越目标。"我要思维"拥有很强的探索性、创造性和颠覆性，无论是创业者和执行者都应尝试接受并获得这种方式。

"我有思维"是：用手里的 5 美元，去做 5 美元能做的事，他们没有想更多可以利用的东西。"我要思维"是：他们清楚最终的目标是什么——"在有限时间内赚取更多的钱"，而要完成这样的目标就要实现资源的有效配置，使行动效果达到最佳，老师发给他们的区区 5 美元，对他们来讲是可有可无的。

大家看，从这个小小的例子，我们就可以了解，对待事物的不同看法决定不同的行为，不同的行为决定着最终的成败。有的时候，你要站在事物的侧面、背面、下面，甚至空中，去观察，去审视。这样的话，无论是工作、学习还是生活，都会变得更有意思，也更有意义。

第五节　创新思维的 100 种样式

1. 传统的思维导图样式是基础

东尼·博赞是思维导图的创始人，他被誉为"大脑先生"。几十年来，他致力于思维导图的传播和推广，将这种思维呈现方式带到了世界各地。

传统的思维导图，无论是用软件还是手绘，基本结构都大致相同——从中间核心图伸展出数个分支，然后再逐级细分。枝杈上标注着精练的文字，文字间延展着关系。这种"八爪鱼"造型的思维导图，在很长一段时间里帮着人们开拓了思想，整理了想法，打开了很多未知的世界。

然而，很多学友在学上一段时间的传统博赞式思维导图，特别是手绘图后，大都会跌入学习怪圈。入门很简单，一画出来就有无限的满足感，但是，每天都以相同的形式，每次都画相似的思维导图。我画的 A 和他画的 B 主题完全不同，却看起来还是有一种怪怪的相同，仿佛一个模子刻出来的。

这个时候，很多学友都会产生视觉疲劳，别说 21 天学习周期了，很多人 10 天不到，就放弃了，觉得天天画同样的东西，没意思。有些软件使用者就干脆把它沦为一个简单的办公工具，而这种工具在程式化的结构、造型和展示过程中，正逐渐失去它原来的意义。

创新思维导图与之有所不同，它是以博赞式思维导图为基础，赋予思维导图更多变化、创新而来的一种新型思维导图。

这种变化来自原来领域的新样式的需求，来自其他领域的经典方法的借鉴，是与很多成功的思想、理论、技术、结构、样式、方法互通融合的最终结果。这种变化是在大量的、长期的思维导图创作基础上总结、归纳、提炼出来的，它会时时发生变化，每隔一段时间就会有更新迭代，和人们不断进步的思想和不断升级的科学技术是融会贯通的。

2. 工作和生活给我们提供了丰富的可能

我们来自四面八方，我们身处不同的环境与背景。有很多方法、技巧、理论都可以拿来和传统的思维导图交汇、融合、再造，这就是所谓的创新。

流程图、甘特图、鱼骨图、对称图、同心圆图、金字塔图……它们组合并变异，形成千种、万种新的思维导图。

在年复一年、日复一日的创作中，我们还会有新的灵感迸发出来。这些所谓的"微创新""跨界学习""相互融合"，也都是创新。

创新无处不在。创新并非仅仅是"平地抠饼"，从原来的没有变成现在的有，它有很多的样式存在于你我的生活里。

和创新思维导图类似的就是"Shopping Mall"。这种从西方引入的大型商业综合体，在之前国内的业态中是没有的。买东西去百货商店，吃饭去饭馆，看电影去电影院，孩子课外辅导去校外培训机构。你能想象的和生活娱乐有关的一切，都可以在离家三五公里远的一个大型"Shopping Mall"里全部解决。

大餐厅与小餐馆、奢华服饰、香水，各种大众的运动品牌，还有电影院、培训中心、配速站、医药商店、美容美发店等，总之，你想要的东西和服务在这里都能拥有。和客户在咖啡店谈完合作，可以顺便在餐厅把午饭解决。饭后如果还有点时间，看看刚刚上映的美国大片。结束后，还可以从超市里买一些蔬菜和水果，然后就可以高兴地回家了。

这么多形式都被融入商业中，一个边缘区域变成了将人们聚合起来的大型商业中心。千百年前，木兰从军，购买装备时，"东市买骏马，西市买鞍鞯，南市买辔头，北市买长鞭"，需要在一个城市的不同大集里，花上很长时间才能搞定。而今在一个商场里，生活、娱乐甚至工作所需的大部分产品或服务都可以一站式搞定。

省时，省力，心情好，你说，这不是创新又是什么？

我们再看思维导图。人们有天要接触和处理那么多的信息，变换那么多的状态，怎么可能用一个固定、单一的"八爪鱼"全能代替呢？并列的、相连的、承接的、三角的、六边的、七星的、螺旋的、同心圆的、不规则的、鱼骨的、九宫格的，等等，这万千种变化才真正是思维导图的真正面目，所有的信息以合适的形式全都整合于一张思维导图中。

3. 以全新的方式看世界

世界是新的，因此，我们也要以全新的方式去看世界。站在人潮汹涌的街角可以朗诵古诗；身处静谧的佛堂也可以天马行空地想象，看着地面上石子组成的图案越看越像金刚曼陀罗的造型；听着谭维维的《给你一点颜色》，脑海里却转动着一幅太极图……这些组合没有任何违和感，无论怎么联系都是成立的，就看你以什么样的心态对待了。

如此这般，你的世界就不再是单调而无聊的；如此这般，你也就可以用任何你能想到的方式去描绘这个世界。

自测 练习

1. 尝试着用铅笔在书的空白处画"读书心得",画完擦掉。

   说明:首先,是自己的书;其次,是真的在读书过程中有感而发、有感而画;最后,画的内容可以是现阶段的总结,也可以是内容扩展。

2. 尝试着用中性笔在卫生纸上打个思维导图草稿。

   说明:别怕丢人,就是打个草稿,把核心要点画上去。题目不限,形式不限。

3. 尝试着在不同的环境下进行脑图创作,如在热闹的中餐厅。

   说明:题目不限,内容不限,主要是练习抗干扰能力,发散创新能力。

案例 欣赏

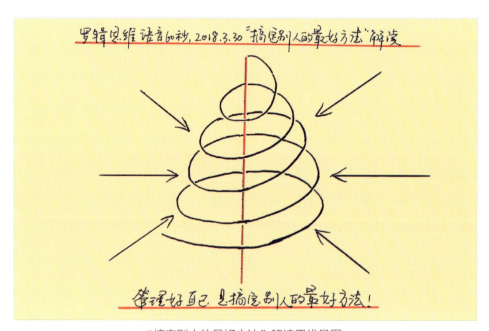

"搞定别人的最好方法"解读思维导图

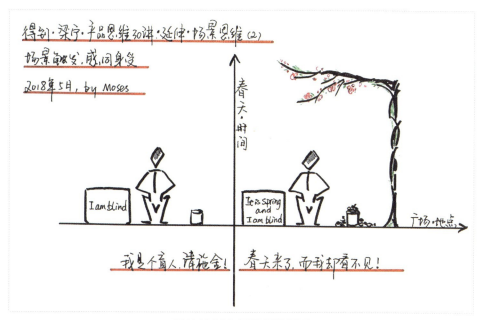

"场景思维"解读思维导图

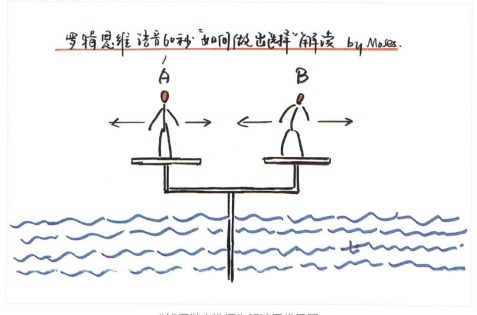

"如何做出选择"解读思维导图

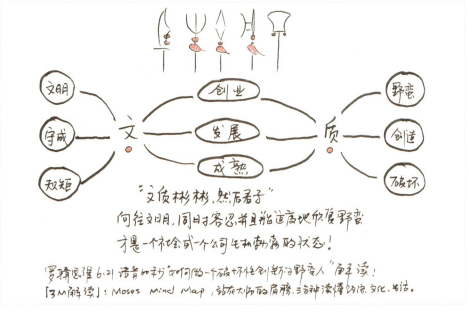

"如何做一个破坏性创新的野蛮人"解读思维导图

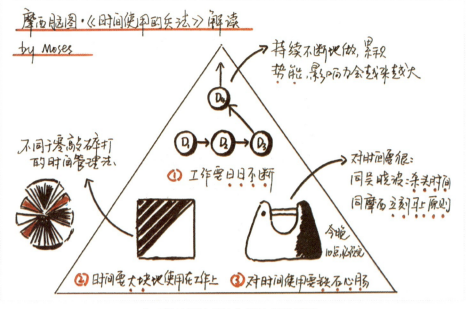

《时间使用的兵法》解读思维导图

"成功的核心要素"解读思维导图

第四章

思维训练

第一节 信息意识流：圆圈图

1. 圈定一个主题

圆圈图即将一个主题放在中间，然后像孙悟空一样，围着它用金箍棒光闪闪地画一个圈。围绕主题，想与之关联的内容，不出圈，然后一股脑儿地像煮饺子一样把它们任意丢进去，不分大小个儿，不论先与后。

举个例子，你的朋友要来北京玩，不想走旅行社的路线，而想让你做向导，以北京当地人的视角来品味，来赏玩。

于是作为一个土生土长的老北京，你就开始计划了，其实也就等同于自己在重温一些记忆。一些大众的景点得有，毕竟那是北京的华彩，当然特色的东西也少不了。大处求同，小处着异，或者是样式求同，体验求异，也是可以的。

于是，你就在圈中写了下面的内容。

爬长城得有，但咱们去最有特色的"野长城"——清早起来爬"箭扣"，那经历让你一辈子都忘不了。吃烤鸭得有，但咱们得吃"四合院烤鸭"，味道不比全聚德的差，场子却比那儿舒坦，周围的外国人比中国人还多，声名在外。逛胡同得有,"艳俗"的南锣鼓巷得去,但走完"蜈蚣腰",重点还得逛逛"蜈蚣腿"——旁边的棉花胡同、菊儿胡同、后圆恩寺胡同,每个胡同里面都有故事,每个故事都很曼妙。

当然除了这些,我还要带你去大望京吃原汁原味的韩国烤肉;带你去凤山泡当年皇帝享受的御汤池。如果是秋天,我会带你去夜爬香山;如果是早春,我带你去北海晨跑,在太液秋风处一展雄姿。

2. 信息扑面而来

圆圈图好处多,似意识流,也似头脑风暴,看似无序,其实信息量很大,涉及面很广,触发的灵感也很多。

无论是什么层次、何等职业的人,感觉自己学习、工作没有灵感了,生活有些乏味了,就可以像孙悟空一样,信手画一个圆圈,让你的思维在一个有限的区域里展开无限的畅想。

这就是圆圈图的妙处,说白了,它就是之前讲到的发散式思维的具体运用之一,只不过它的形式更自由、更简洁。

3. 没有是非对错之分

圆圈图就像一个大口袋,也像一个大箱子,没有小隔断,也没有其他储藏室。你的信息就这么一股脑儿地装进来,没有主次之分,没有先后之别,像几个人在讨论,七嘴八舌,东一榔头,西一棒槌。总之,圆圈中装满了信息,而这些信息就是刚才你围绕着这个主题而想出来的。

我曾经把这种方法教给写作文苦于没内容的邻居四年级小学生。她当时的暑假作业是每天一个小作文,既要文笔流畅,又要生动有趣。每天她都非常苦恼,不知道要写什么。我说这简单,今天的主题是旅游,你把近期去过的城市名称,画个圆圈写在中间,然后是和谁去的,坐什么交通工具去的,多长时间到的,到了之后给你感觉如何，城市大不大，干不干净，比起你居住的城市如何，城市有什么是特色，位于海滨还是内陆，高楼大厦多不多，绿植多不多，古迹维护得怎么样，有没有好吃的小吃……举出 10 种来，可以吗？

圆圈图很简单，就像意识流一样，你只管尽情地去想，别管适不适合、重不重要，这些都是你第一时间想到的关联信息。把这些信息总结、归纳、串联起来，不就是一篇文章、一段演讲、一个精彩的总结吗？你手里有一大把旅游信息，还愁写不出一篇小作文吗？

我有很长一段时间从事教育培训工作，策划、推广、营销、运营、管理，无不亲自参与。我就把这个圆圈图的方法搬到了市场营销中。当时，部门里有几个刚入职的市场专员，他们对教育行业的宣传不太懂，但是有其他行业类似岗位的工作经验。于是，在新项目的实施过程中，为了应对新变化，该有哪些新的市场推广行为，我们通常会开会讨论。我让他们把核心主题写出来，然后在主题的外围画一个大圈，大家就开始七嘴八舌地讨论。其中有一个同事，从一开始就用不同颜色的笔，并且用大小不一的字把讨论的内容写在白板上。

派单、扫楼、摆展台、拉人上门、贴海报、做车贴、找人举牌……大家把之前在其他行业、其他领域用过的，以及自己觉得可行、但还从来没试过的方法都一股脑儿说出来，写上。那个时候，几乎所有人的智慧都被调动起来，信息越来越多、方法越来越细。我想，真正的"头脑风暴"就是这样吧。

不管是为写作文积累素材，还是为推广营销整理方法，这种"圆圈图"看似简单，实际上表现力惊人。不过随之而来的汇集整理也很重要，通过对大量信息的筛选、对比、分类、组合、排序、描述，最终完成项目的呈现和执行。一套流程下来，一个故事就出来了，一个最适合的营销方法也就有了。

右图所示为圆圈图示例。

圆圈图

第二节　发散式思维标准型：气泡图

1. 曼陀罗的标准型

第二章第四节讲过有关幸福、悲伤的发散式思维的例子，和现在所说的气泡图其实很像，都是从中间一个主题的大气泡向外辐射无数个点。有的点内容很丰富，一个层级接着一个层级延伸，层层叠叠，越来越细致；有的点则内容有限，延伸不多，仅为点缀辅助。无论是曼陀罗还是八爪鱼，这种形象已经牢牢扎根在人们的心智模式中。

中间的中心图（主题图）就相当于一篇文章的中心思想，一般建议用图来呈现，并且图必须符合文意。如果是讲"时间管理"的，可以画个时钟；如果是讲"旅游"的，画个飞机和旅行箱算中规中矩；如果是讲"金融"的，画个K线图可以很好地说明问题。

如果确定了要画的内容，但是自己对造型拿捏不好怎么办？也简单，百度里搜索一下相关的简笔画图片，然后自己模仿着画。如果有这样连续训练的基础，不用很长时间，绘画技能就能练出来。

不过，万一自己的绘画水平实在不高，或者自己根本就不想画，那么，用艺术字写个核心题目可以。按自己想的去做，游戏就写"吃鸡"（指游戏《绝地求生》），说唱就写"嘻哈"，简单明了，别人一看也知道是什么意思。

2. 更多分支扩展

这在第二章第九节讨论"摩西"的扩展时有讲过。如果是对一部小说、一篇文章、一个项目、一个人或者是对已知内容的梳理，这样的分支扩展就是分类。不过气泡图里的分类在呈现时却没有那么严格的规定——一定要根粗头细，一定要不同色彩表达，文字一定要书写在线条上——在这里不必如此，分支直接写在气泡里就行，而这些作为内容的气泡可以对称，也可以随着内容的多少来增添。

3. 更多层级延伸

之前讲"摩西"思维导图的时候也讲过，分支是横向的扩展，分层是纵向的延伸，这也是个逐级递进的过程。

不过一般的气泡图都比较简单，绘制的时候都不会分太多层级。当然，如果有更多内容延伸的时候，也可以通过直线引导方向、在圈里注释内容的形式来呈现。如果觉得它们之间的关系不够密切，可以在直线前面加个箭头，这样就清晰多了。

第三节　两种事物的对比分析：双重对照图

1. 事物之间的共性

哲学上认为，世间万物都有相像之处，也有不同之分。很多时候找个性容易，找共性较难，但真找到了，仔细想一想，它们原本就有联系。

看看下面的例子。

小鸟和大树：它们看起来差异很大，但实际上它们都是由"碳"构成的。其实，连人也是如此。当然，这验证起来比较残酷，就是用火烧。所有能烧的生物体都是由"碳"构成的。森林里一场大火之后，小鸟和大树都变成了炭灰，因此，它们实质上是同类。

羽毛和石头：它们都有质量。经常有人问我："一千克羽毛和一千克石头，哪个沉？"我回答，当然是一样沉了，因为都是一千克重。

火星和鬼冢田八郎：这两种事物对我们来说是相对陌生的。很少有人能到火星上去，虽然之前有科幻故事"火星叔叔马丁"；大家都知道耐克，但人群中穿鬼冢虎运动鞋的一定寥寥无几，那么知道"鬼冢虎"的创始人鬼冢田八郎的可能性就更低了。所以，火星和鬼冢田八郎两者的"不为人所知"就是它们的共性。

万物之间，都有彼此的联系，你说没有，那是因为你不知道，或者你根本就没有往那儿想。

下图为双重对照图示例。

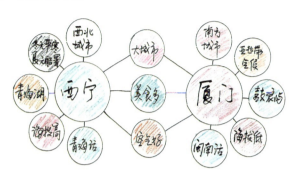

双重对照图示例

2. 两者之间的不同

找事物的特征，就是找其明显和其他事物不同的地方，即其特色，或者是一些截然相反的点，甚至是水火不容的那一面。

比如国外旅游。暑假到国外旅游，欧洲14天游和澳大利亚之行就有明显不同。欧洲面积不是很大，但国家很多，关于签证的要求也大相径庭，一般都是单走英国或其他几国连走，夏天去过暑假。大洋洲国家少，风景好，地理位置上和中国南北对立，我们这里艳阳高照时，那边正是寒风凛冽。所以，找差异化国际游的，选澳大利亚准没错。

再如公司经营。公司里，市场推广和销售咨询就是两种不同的岗位，推广是让更多人知道，扩大目标客户群；销售是为了让客户买单，做出各种说服行为。有些公司市场部和销售部单分出来，有些则合二为一，干脆就叫市场营销部。

再如饮食。全聚德烤鸭和便宜坊烤鸭就不同，虽然都是烤鸭，但一个是明炉，一个是闷炉，外行人可能吃了半天都分辨不出来，但真正的吃主，一看烤熟的鸭子，立刻就门儿清了。两种烤鸭所用食材、烧烤器具和烹制技术还是有较大区别的。

再如手机产品。苹果手机和诺基亚手机，一个是智能手机的开创者，一个是传统模拟机的坚持者；一个待机时间短，一个待机时间长；一个外形帅酷无比，一个外形老旧传统；一个正如日中天，一个已经被市场淘汰。

事物之间不同的比较,有的从表面上看就容易分辨,例如一些产品、人物、项目或意识形态,一看外表,就知是异类。但还有很多外表极为相似的事物,心智和内核却迥然不同。辨析它们,一来靠我们的法眼,二来靠时间度量。

下面就同类型"产品"做一个对比分析——唐僧与六祖慧能。如下图所示,两人相同点有:他们都是青史留名的得道高僧,都是宗派的创始人。两人的不同点比较多,主要区别有:唐僧是身受皇恩的"高级知识分子",精通梵文,他的理论大多曲高和寡,由他创立的唯识宗玄理精妙、复杂高深,理解的人极少,学术的传承做得不太成功;相比之下,六祖慧能就强多了,虽然家里穷,大字不识一个,只听过几部经书,但他的理论走大众路线,接地气,所以他创立的禅宗通俗易懂,人人可修,最后被一代一代传承下来,发扬光大。

同类型"产品"对比分析之后,你会觉得清晰很多。如果找到一种方法论,就不会对看到的事物轻易下结论,把它和其他的事物比较一下,它的特征就会更清晰。

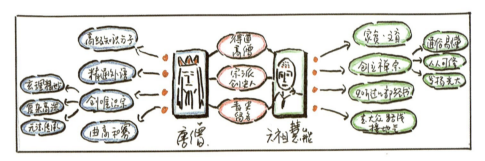

唐僧与六祖慧能对比分析图

3. 多元对比

把事物放在不同的维度一起对比分析,不仅有意思,还能得出更加客观、更多角度、更趋真实的结果。我们还是以运动鞋品牌为例。

比如耐克和鬼冢虎:一个美国品牌,一个日本品牌;一个偏大众路线,一个为小众风格。

再如耐克和乔丹:两个都是美国品牌,两家系为同门,乔丹是耐克的子品牌。

再如耐克和361°:一个是美国品牌,一个是中国品牌;一个是世界品牌,一个是区域品牌;两个品牌的产品之间的质量、创新等诸多方面正逐渐趋同。

再如耐克和星巴克：两者都是美国品牌，两者都改变了人们的生活方式，两者都引领潮流。

多元对比分析也是一个很好的方法，让你看待事物的视角更全面，不至于立刻下简单的结论。当然，这里把要了解的事物放到更广阔的维度里分析更为重要。不仅是和同类产品进行分析，而且要跨领域分析，下面举例说明。

《中国好声音》与芬尼克兹选举，如下图所示。这两个事物乍看起来好像八竿子打不着，没什么共同点，但实际上，它们一些相似的特性会让你眼前一亮。首先，《中国好声音》是中国一档知名的真人选秀娱乐节目，而芬尼克兹是广东一家公司，让它名扬天下的是老板宗毅的裂变式创新。两者之间的相似之处都是选人才。首先，前者是选会唱歌的，后者是选会经营、懂管理的；其次，前者将导师和所选学生利益进行捆绑，自己选的学生，如果唱歌失了水准，有漏洞，观众一眼就能看出来；芬尼克兹也将员工和领导的利益进行捆绑，新领导如果没能力，不能让大家赚到钱，大家投的钱就会打水漂。另外，如果选的领导能挣钱，但他的德行差，赚的钱都装进了自己的腰包，这样的结果也会令人家失望。所以，表面上看起来《中国好声音》和一家公司内部的选举似乎并没什么关系，但实际上它们的道理和方法都是一致的。通过这样的对比分析，大家就能明白。至于不同点，也有很多，大家一看皆明。

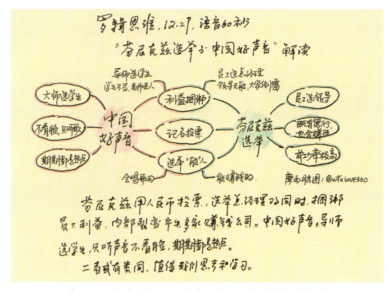

《中国好声音》与芬尼克兹选举对比分析思维导图

4. 尝试对比分析

大家可以尝试对以下几大类进行发散思考。

人物：罗振宇和罗永浩，马云和马化腾，分析一下"罗马不是一天建成的"；邓亚萍和郎平两个体坛宿将，她们的职业轨迹和喜乐人生有什么不一样；雷军和乔布斯两个手机大神的相同和不同之处；雷军和董明珠之间的赌约，到底是谁赢了；雷军和罗永浩两人是对手还是兄弟；雷军和贾跃亭同样推崇"生态化反"（生态企业的化学反应，指各个生态业务被糅合到一起产生化学反应，释放出巨大能量），到底谁是真正的"生态化反"；雷军和雷锋是不是亲戚，他们两个很熟吗。

时期：春秋和战国，唐朝和清朝。

四个特区：深圳特区，浦东特区，滨海特区，雄安新区。

经济名词：沉没成本和成本，墨菲定律和海恩法则。

高等学校：清华经管和北大光华管理，海尔大学和湖畔大学。

想得越多，对比分析的角度和内容也就越细，看世界的眼睛就越清晰。

下图为对比分析示例图。

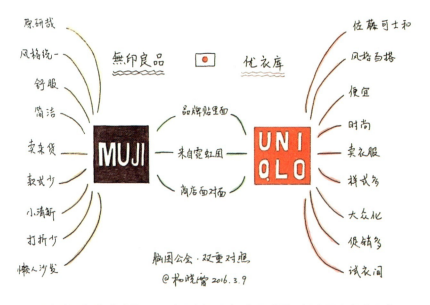

无印良品与优衣库的双重对照分析图（"摩西脑图"杨晓雷老师作品）

第四节 事物之间的多重因果关系：因果分析图

世间之物并非都是简单的 A 和 B，有很多事物都存在因果关系，有的是直接关系，有的是间接关系，有的是多重因果的复合关系。下面就小明上学迟到的案例给大家做详细分析。

1. 直接因果关系

所谓的直接关系，仅仅是你看得见或摸得着的表面成因和表面结果。比如，小明身体不舒服，导致上学迟到；或者小明步行上学，导致上学迟到；或者小明上学路上跌了一跤，受伤了，导致上学迟到。

而上学迟到影响了老师上课，打扰了教学；上学迟到引起了老师的不满，受到批评；上学迟到耽误时间，很多重要的内容没听到。

上面所述的内容都是能从下图中看到的，都是直接因果关系。

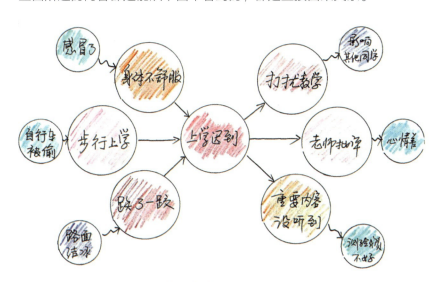

上学迟到的因果关系思维导图

2. 间接因果关系

其实，这小小的案例中还隐藏着很多间接的因果关系，通过进一步分析，也会显露出来。下面就以"步行上学，导致上学迟到"为例来进行分析。

走路上学的人多了，为什么偏偏他迟到了？因为前两天他的自行车被偷了，那是父母刚刚为他新买的自行车，没骑两天就丢了。他很郁闷，他家住得有点偏，附近没有公交车站，打车会很贵，况且父母也没有打车这项预算，他便走路上学。头一次走路上学，他没有掌握好时间，迟到了。

一个简单的小结果，顺着其中的一个分支去展开联想，产生这么多问题，真是有意思。当然，你也可以顺着这个脉络无限向上回溯和向下发展，中间可能出现无限多个关键点，无限多个成因元素。这样的练习对你创新能力的提升会有无限多的好处。

3. 多重关系

还是这个"上学迟到"的小例子，让我们再看看多重关系，如果让你上下延伸，像编个故事那样，就那么符合逻辑地叙述下去，你觉得可以吗？

小明上学迟到，是因为他的自行车坏了。这是他刚买的二手捷安特。他因预算有限，去自行车店买车的时候，店主给他推荐了这款车，九成新，才120元。当时他只在店里蹬了两下就掏钱买了。店主说，保修三天，三天后不退不换，小明同意了。谁知就在第五天的时候，他去菜市场买菜，在上一个大坡时，车链断了。怎么办？给自行车店店主打电话，人家说过了保修期，只能自己解决。没办法，不想再向父母要钱，他从同桌小王那儿借了50元。当他拿起这张绿色的钞票时直犯愣，这不是自己用来买车的钞票中的一张吗？他记得很清楚，背面右下角有块圆形的油渍。"你爸爸是做什么工作的？"小明问小王。"开自行车店的。"同桌小王答道。

感觉新鲜又离奇，有点像编故事、拍电影，可实际生活中这种事儿还真有可能发生。一个超级简单的事件，让我们通过假设因果分析和更多的想象，变成了这么生动的情节。

我们再举个例子，假如你是公司职员小明，在开车上班的路上突然车坏了。一段故事由此展开……

车坏了，车胎漏气，为什么漏气？车前轮蹭到马路牙子，致使轮毂变形，出现裂纹。为什么蹭到马路牙子？刚才要拐弯儿时，旁边胡同里突然冲出来一个快递骑手，心头一惊，手里一哆嗦，方向盘没把好，就蹭到马路牙子了。快递员为什么骑得那么快，不顾及来往的车辆？快递员接的全聚德的单子，但今天是周末，店里桌餐全满，后厨忙不过来，耽误了 20 分钟。顾客催得急，他只能在送餐的时候抓紧时间了……

车坏了，挡风玻璃被车轮碾压起的小石子打破。上班路上，小明本来开着车在外车道正常行驶，有车从便道上飞驰而过，把小石子迸起，打到了玻璃上。哪里来的小石子？昨晚有辆拉建筑材料的大车，遗洒了很多小石子，被清洁工扫到路边，还没来得及清走，这事情就发生了。再说这司机为什么开得那样快？因为车上客人要赶飞机，就加速开了，而轮胎迸起的石子的力量特别大。那么又是什么人耽误了时间呢……继续展开丰富的情节。

从一点展开一个面，从一个简单关系附带出无限可能关系，抽丝剥茧，层层深入，因果关系越来越有趣。

关于多重关系，下面再举一个实例说明——美国的高福利是导致黑人孩子犯罪的罪魁祸首。

题目有些刺眼，两者看起来相去甚远，很难联系到一起。

我们首先看下面这张图，分析其中的多重因果关系。"黑人孩子犯罪率高"是最终结果，这很重要，但"美国底层女黑人怀孕后拒绝结婚"这个中间结果也很关键。如果没有它的存在，上下游的关系就不成立。

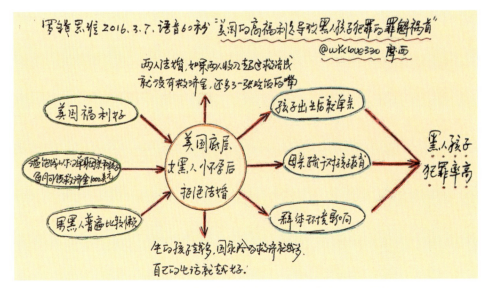

"美国的高福利是导致黑人孩子犯罪的罪魁祸首"思维导图

美国的福利不错,美国政府规定:每个哺乳期的母亲带孩子可以获得每月1 000美元的无偿资助(无论种族和肤色,只要是美国公民即可享受)。而美国底层男性黑人生活环境糟糕,生存压力较大,加之他们又普遍比较懒,基于以上三条原因,女性黑人为了让自己和孩子过得更滋润些,避免黑人男朋友消耗掉她们的大部分救济金,怀孕后就会拒绝和男性黑人结婚,并远离他们。有的更离谱,当孩子过了领政府救济金的年龄,她们就会再找个男黑人,让自己怀孕生孩子,再享受政府的救济金,如此又可以舒舒服服过上多年。而这样导致的结果是:孩子一生出来就单亲,母亲只顾自己享受,疏于对孩子的照顾;周围复杂的生活环境对小孩子产生了不良影响,而这样的影响又会让很多黑人孩子从小走上犯罪的道路。

在美国,黑人孩子犯罪的原因很多,高福利只是其中一条。我们虽然推导出了这样的结果,但仍然不能简单地得出"美国的高福利是导致黑人孩子犯罪的罪魁祸首"这样的反向原因。标题是为了夺人眼球,而我们是要找到最本质的东西,因果分析的妙处即在此。

4. 全面分析事件

其实事件的发生是有前因后果的，前因导致后果，后果又衍生出新的结果。还是以之前小明上学迟到为例，小明迟到，在正式上课的时候进入教室，影响了老师的心情，影响了同学们的听讲，导致小明和老师之间的师生关系、小明和同学之间的关系，产生了即时性的微妙变化。

也许正好老师在那段时间由于晋升的事情比较郁闷，而且连续两天都遇到了学校检查班级迟到的情况，自己的班级中了"头彩"。因此，她个人当时对小明的意见特别大。后来她回到办公室和其他老师聊天，还特别提到了小明，并略带夸张地描述了一番，以至于教授其他科目的老师也对小明产生了微词。

小明的邻桌小李平时不太严格要求自己，在遵守学校纪律上比小明差远了。不过今天看到小明迟到了，他心中暗喜——这回有伴儿了。放学时，他主动和小明套近乎，而小明正好在情绪郁闷期，小李刚好缓解了他的郁闷，于是他们成了要好的朋友。

关系产生结果，而这些不良的关系又会导致新的结果产生。有时结果之大，在你想象之外；有时影响之深远，也是你我之前从未感受过的。

这里再举一个社会热点事件的解读案例。

"如家和颐酒店女生遇袭事件"发生在 2016 年，线下发生，微博平台放大此事件，引起各方重视。幸亏事件主体方及时出面处理，要不然酿成"行业飓风"效应也不是不可能。

事件的过程是，从杭州到北京出差的女生住在 798 艺术区附近的如家和颐酒店，夜间归店时，遇到了暴徒的欺凌。当时四周有过往的宾客，有酒店的保安和保洁人员，竟无人出手相助。幸好女生抗争呼喊，最后一位女顾客出手相救。女生后来将这件事诉诸媒体，引起轩然大波。这就是事件的整个经过。

如果按照因果关系顺着往前梳理原因，在事情没有水落石出前，我们假想导致这个恶性事件发生的原因可能是以下几个。

（1）酒店的安保失职，为何会失职？商务快捷酒店高速发展，市场大但竞争激烈，运营成本也高。为了节省成本，对招募的保安在年龄、过往经历、行业背景、专业技能等方面要求不高。加盟商家平时只顾挣钱，对他们也疏于管理。整体来说，他们普遍能力不强，责任心一般。酒店的安保失职应该是本次事件的主要原因之一。

（2）歹徒起恶心，对女生施暴。原因也有很多，如歹徒看女生长得漂亮，见色起意；或者是此地黄源众多，歹徒受到不良影响，所以起恶心动恶行；或者和色无关，就是当地黑恶势力欺负人，想掠人钱财。而事件的最终结果大部分人都没想到，竟然是歹徒以为女生是竞争对手派来的，在抢黄源，所以采取了驱赶行动。

（3）周边群体的漠视，见死不救。他们可以找出100个理由来解释，但他们的行为说明了一切。社会道德感的整体缺失导致了人们的冷漠，在某种程度上，这是事件爆发的重要原因。

（4）女生自己对潜在危险的不重视。单身女生出差到一个陌生的大城市，这本身就存在不安全因素。晚上又出门，较晚时间返回，这都在给潜在的危险创造良机。

如下图所示，图中左边是刚刚推导出来的四个成因，让我们看看中心图。很形象，像个螃蟹的造型。右边是事件导引出的结果，也一一对应。

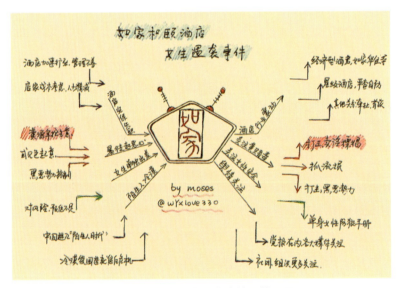

如家和颐酒店女生遇袭事件思维导图

（1）第一个对应的结果，酒店行业震动。如家酒店集团，美国上市企业，旗下数千家酒店，创始人季琦同时创办了汉庭酒店集团（也就是现在的华住酒店集团，也是商务快捷酒店），旗下也有数千家酒店。季琦还是网上订房平台"携程网"的创始人之一，而携程旗下关联的国内外酒店数量更是数以万计。如果如家此次没有处理好，你想会有什么样的结果。这个"蝴蝶效应"真的让人有点后怕。

（2）第二个对应的结果，关注黄赌毒。798文化之地、北京首善之区出了如此恶性事件，地方权力和法制机关还能任由事态发展而不管不顾吗？也许应及时在酒仙桥或全市范围内集中打击卖淫嫖娼和黑恶势力，对相关重点地区抓堵防漏，在一定时间内实施高压态势，给民众一个交代，还大家一个安心。

（3）第三个对应的结果，社会舆情关注，各种新闻媒体连篇累牍地报道，互动讨论，分析前因后果，让更多人了解事件，去除冷漠的社会氛围，辅以爱心，帮助他人就是帮助自己。

（4）第四个对应的结果，女孩子出门应关注自身安全，单独出门应异常谨慎，告知家人，求助朋友，利用互联网技术进行实时追踪保护。各种防狼手册流行起来，女性防狼御敌术培训班也如雨后春笋般出现。

导引出了前因，分析了后果，竟然是如此牵一发而动全身，最终的后果是很多人都预料不到的。

5. 给出建议或结果

仅仅找到了原因，分析出了结果，还不算完，如果同时给出自己的建议就更好了。其实这也是因果分析方法的厉害之处，前因后果摆在那儿，自然就会有一些建议和结果呈现出来。

大家看下面这张图。

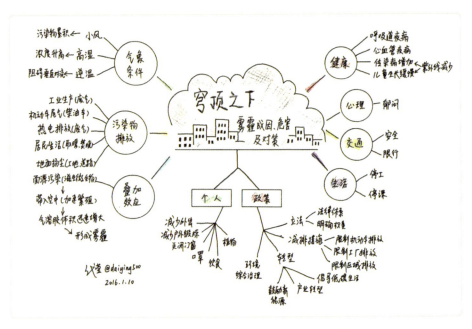

"穹顶之下——雾霾成因、危害及对策"思维导图

这是代莹老师所做的"穹顶之下——雾霾成因、危害及对策"的思维导图，主要依托柴静的那场知名演讲而生成。北方雾霾的成因并非只有冬季烧煤，大量的汽车尾气和大量制造企业的污染烟尘，以及冬季不对流的无风天等也是重要因素。而导致的结果也不单单是影响人的身体健康，影响工作和日常生活，同时还有对大众心理的影响。雾霾甚至改变了很多人对环保的看法，很多新兴行业因此而诞生，各种舆论也是铺天盖地而来。

可喜的是，绘者在分析原因的同时又给出了自己的建议，这是难能可贵的。对于个人来讲，雾霾天尽量待在家里，如果出门，最好戴上口罩；要积极锻炼，增强免疫力；多吃粗纤维新鲜蔬菜，多喝防霾汤，等等。在政府和企业层面，他也给出了自己的建议：完善立法是必要的，有法可依、有法必依才能约束企业的各种不善行为；污染源企业必须投入重金来治理烟尘排放；有些重污染企业，该关停就关停，绝不姑息，当然，关停前要提前规划好转型策略，别让治霾政策影响到民众生活。

给出的建议和对结果的分析很到位。

第五节 五感即世界：五感分析图

1. 任何事物都可用

在第一章第六节我们已经通过对"五感设计"这一词的解读，对"五感"有了初步了解。五感即人的五觉——视觉、听觉、味觉、嗅觉、触觉，也就是佛家所说的"色、声、香、味、触"。可以这样说，世间万物都有五感，或者说都有五感的体验，只不过有的明显，有的不那么明显罢了。

如果你用五感的方式去体验，去感受，去分析，去研究，那么这个事物就会变得更多元、更立体、更形象。下面举例说明。

2. 立体分析事物

把事物放在坐标系中，进行横纵内容分析。横轴是五觉，即视觉、听觉、味觉、嗅觉和触觉。纵轴是拆开、打散、分解的具体部分。

拆解的部分以下图为例，一枝花可以细分成花枝、花叶、花茎、花托、花萼、花瓣、花蕊、花蜜等。如果从生物学角度还可以再细分，拆分出几十种也是有可能的。

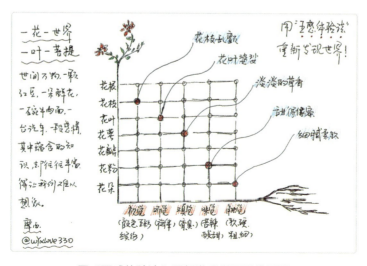

用"五感体验法"重新发现世界思维导图

这个时候，将横纵轴标记的内容彼此相交，里面会出现更多我们熟悉的或我们未知的世界。比如花叶和视觉，你给出的肯定是花叶的颜色、造型、结构。是绿色的还是黄色的？中间是否有浅浅的渐变？形状是细长的还是椭圆的，或者是不规则形状的？花叶上面有没有长着绒毛，有没有缀着露水，有没有阳光照射在上面显出的光影？

再如花瓣和触觉，你最先想到的是柔软的花瓣，有的还是厚厚的，里面含着大量的水分。用指头轻轻在上面划过，闭上眼就会产生丰富的联想。小时候我和父母住在学校的家属院，院子里种满了指甲花。姐姐把它厚厚、红红的花瓣摘下来，捣碎，加上些明矾，然后涂在指甲上，颜色红艳而美丽。我记住了那鲜艳的颜色，那厚厚软软的触觉也印在了脑海里。

还有花枝和听觉。夜半时分，天气骤变，忽然一阵轻风拂过花枝，一丝细雨微洒花叶，婆婆娑娑的声音传到你的耳朵里，"风吹有动静，润物细有声"的意境顿生，这感觉也美妙极了。

佛语有云：一花一世界，一叶一菩提。初觉话语难以理解，一朵花就是一朵花，怎么可能是整个世界呢？后来想，假如用这种五感分析法来细细解读，一朵花，一滴露水，一片树叶，一团轻雾，你看到的任何事物，都可以是整个世界。或者都可以与世界连接起来。

为了更清晰地呈现这点，我们在五感基础上再升级一种分析方法，以寻求对世界更多元的理解、更多维的探究。

3. 寻求更多结果

还是用横纵轴围成的坐标，我们以一块砖头为例，来分析它的无限用途，来展示它能连接的世界。

横轴是砖头的各种形态，要发散你的想象。

首先将砖头碾成粉末，红或灰，一堆一堆，放在那里。

接着将部分砖头打碎，整成像石子一样的小块儿，也堆在那里。当然也可以将这些碎砖头块依它们的外形大小，再进行二度修整，重新细分，感觉就像玉米面粥、玉米糁儿粥和大楂子粥之间的区别。

然后将整块的砖头依不同的数量码在那里，从开始的一块、两块，到几十块、上百块，甚至是无数块。而且这些砖头的造型、大小、材质各异，有的是硬质红砖，有的是膨体空心砖，有的是水泥方砖，有的是炉渣长条砖，等等。

最后我们把这些砖统统放在横轴上。

而纵轴则是各种意识形态的表现，比如历史、艺术、体育、科技、娱乐、建筑、饮食、旅游、互联网、交通等。只要是你能想到的，都可以放上去，越多越好。刚开始的时候，没有互联的时候，你觉得它们都很奇葩，难以想象。

这时我们将横纵轴的内容用线连接起来，交叉起来。你就会发现更多新鲜、丰富的内容。

比如，砖头粉末可以和体育关联，奇怪吗？我们连接一下：砖头是带颜色的，通常是红颜色的居多，体育运动中的田径类项目比赛经常通过画线来限定区域、规范空间或标记节点。这时，手头如果有很多砖头的细粉末，就可以拿来用，效果还不错。

再如，几块砖和历史关联，这个就简单了。秦汉时期，我国的瓦当制作工艺炉火纯青，不但结实，而且漂亮，上面刻满了各色的花纹，植物、花鸟、神兽等，有着极强的艺术感。在历史上，"秦砖汉瓦"代表着我们的制作工艺的高峰。

再来一个乍看起来比较新奇的，把娱乐和一堆大大小小的砖头相连。说到这个，不同年龄段的人肯定有不同的感触，基于所处环境和时代的迥异，也会有更多样的描述。我是70后，小时候在农村生活过一段时间。那时候玩具有限，我们就开动脑筋从大自然获取。有个游戏是欻（chuā）子儿，就是两个人身边放了一小堆大大小小的砖头，砖头形状各异，棱角很多。这时，比赛选手每人手里拿着一个小石子作为"挣子儿"（这里加上儿化音，北京味儿，好听），然后蹲着或干脆坐在地上用它把大大小小的砖块一个个"挣"过来。"挣"的时候，选定一个大砖块放在前面，摆好位置，最好是手能捏起来的合适位置。然后将手里的石子高高抛起，再用手将大砖块捏起，同时在掌心的地方给正从空中往下落的小石子一个位置。如果这时候小石子刚好落进掌窝，那么就成功了，这块大砖块就妥妥地成为你的战利品。如果落空了，或者刚好落在砖头上，被迸开了，那么这轮就宣告失败，轮到对手进行挑战。最后看彼此身后的砖块数量，谁的多，谁就赢了。

有意思吧，95 后、00 后的人想也不会想到，砖头竟然还有如此的娱乐之法。现在生活条件好了，网络发达了，无论城市还是乡村，小朋友们都有了更新鲜的、科技含量更高的、更有娱乐性的游戏，谁还会坐在地上玩"欻子儿"呢？

把普通的砖头放在坐标系中，横纵轴相交、相连，产生出更多的创意。从某种意义上来讲，砖头就已经连接了世界。

你看，将五感分析法升级后，你就能发现，生活竟然如此有趣，世界万物相连。

第六节 多维分析法：5W1H 分析法

1. 5W1H 分析法

5W1H 即 Who、Where、When、Why、What、How 这六个英文单词的简写，也是六个简单的问题，这种分析方法又称六何分析法。如果把它们用语意解释就是以下意思。

（1）What——是什么？目的是什么？做什么工作？

（2）Why——为什么要做？可不可以不做？有没有替代方案？

（3）Who——谁？由谁来做？

（4）When——何时？什么时间做？什么时机最适宜？

（5）Where——何处？在哪里做？

（6）How——怎么做？如何提高效率？如何实施？方法是什么？

任何事物，如果这六个问题问得透彻了，回答得仔细了，那么就接近真实答案了，或者说，更容易得出相对准确的答案。

这六个问题也就像一个立方体的六个面，它从多维度来分析，立体解读。比方说，一个横放的、带把手的圆口玻璃杯，从正面看和从背面看是一样的，杯型很清楚，立刻就知道这是什么。但从两个侧面来看，你就会纠结一会儿，这个造型怪怪的，到底是什么呢？俯视图是一个圈和一条小横线，你花多长时间能辨析出来这是个喝水的杯子呢？当然仰视图也一样，不是正常的观看角度，我们正常理解的世界就变了。

如果现在一上来就把杯子的六面（也就是六个角度）呈现出来，是不是就更清晰了？所谓的六何分析法就是这样的，多维度、立体的解析能让人一下看清事情的真面目。

2. 问问题比给答案更重要

能提问，证明你在想；问的问题到位，证明你在认真思考。解决方法很多，或者不解决，提出来就放在那，让它暴露在阳光下，一切就会显得真实。

对于一个问题，中国的传统教育喜欢或希望孩子能给出一个符合标准的答案，你答对了，分数就有了。所以在很多小孩子的记忆里，特别是我这个70后，当年上学时往往只有两种答案——对和错。于是干脆就依题目背答案，学的知识僵化而教条。但长大了，阅历丰富了，知识增加了，就会知道怎么会有绝对的对与错、好与坏呢？前后，中间，未来，那么多的变化都到哪里去了呢？勾践从头到尾都是卧薪尝胆、一心复国的大英雄吗？乔布斯的眼里，为什么只有天才和狗屎？

一个产品，一个项目，一个事件，一个人，如果想要全面了解它们，我们必须用"六何分析法"对它们进行全面分析。

3. 多用于策划和综合分析

做事之前的计划，事情做完后的分析，都常用这种分析法。做计划前用六何分析法，事无巨细，都能够考虑得周到而全面，再加上一个突发事件的紧急处理，就很周全了。再大的发布会，再复杂的工程，也能计划得井井有条。千人大会，地点选在哪儿？周围交通情况如何？有没有大型停车场和更多的出入口？什么时间开始比较好？周末还是工作日？是全天还是半天？是否有门票？提前多长时间售卖？增票比例如何？邀请几个嘉宾？大会主持人是一个还是三个？大会的主旨是什么？要不要贴近时代的脉搏？如何贴……好多好多，有了六何分析法给你画圈和定位，大小事情都会计划得很周全。

同理，做总结也一样，用六何分析法对项目进行最后的整理，时间、地点少不了，人物、事件也很重要，为什么做和如何做更为核心。这样的总结就会比较真实可信、客观实际。

4. 薄丝袜和走私自行车的案例分析

这是两个很好地应用了六何分析法的案例，既生动又形象。

7-11店虽然在美国开创，但是最后日本拿到了管理权。在日本、中国台湾地区，7-11的店最多，特别是日本首都东京。几乎过个街角就有一家店面，几乎每个大型的写字楼都能看到它的牌子。话说日本东京有一家7-11店，在很长的一段时间内，几乎每天在快下班的时候，女性薄丝袜就会卖得特别好，销量是其他时间的几倍。直到有一天，某个店员终于跑过来向店长充满自信地建议："这种薄丝袜卖得这么好，每天都有不少顾客冲着它来。如果在它的旁边多放些女性化妆品，我想一定会增加销量。"这时店长很平静，首先夸奖了店员善于观察，懂得分析，是个好苗子。但对于丝袜旁边增加女性产品的建议，他说："不急，我刚学到了六何分析法，不妨今天就这件事，我们用它好好分析一下。"

"首先看When，是每天下午临近下班的这段时间。再看Where，在我们店面，当然，没准其他店面这个时间也会有这种情况。接着，我们来看Who，究竟是谁在每天的这个时间点到我们这里来买薄丝袜。这几天我也回看监控视频了，竟然是男生多，而且比例很高，这是怎么回事呢？我们用Why来揭秘，其实不难，天暖和的这段时间，正是女孩子穿丝袜的最好时节，特别是那种黑色系、灰色系的。每到下班的时候，我估计，女朋友或是老婆就会让自己的男朋友或是老公顺路带几双薄丝袜回去。而男生通常又嫌麻烦，不会去大购物中心买那种非常精致和轻奢的。我们店里的薄丝袜虽然牌子没那么响，但质量也是顶呱呱的。关键是7-11的店满大街都是，下了班直接进店就买，买完就走，也就是两三分钟的事儿，丝毫不耽误下班回家的时间，同时满足了爱人的需求，岂不是两全其美？如果了解了其中的缘由，你就知道，如果在薄丝袜陈列品的旁边放上几双男士的船袜或者是剃须刀、须后水等,我想会卖得更好。"

所以,事事不要着急下结论,用六何分析法或形象的图形来演绎一下,效果会超出你的想象。

我们再来看另一个真实发生在我们身边的例子。众所周知,美国和墨西哥在地理位置上相邻,美国富得流油,而墨西哥的人民日子过得紧巴巴的。因此,有很多商人经常在美国和墨西哥的边境走私商品,赚取高额差价。话说有一天,一个长相普通的小伙子推着一辆自行车,后车架上还驮着一个不大不小的箱子。这时警察拦住了他,请他把箱子打开,接受查验。小伙子并不紧张,也没什么异常表现,立刻就打开了。打开箱子一看,边防警察大为光火,里面除了一小堆沙子之外什么也没有。没办法,只能放他走了。过了几天,值班的警察又碰上了这个过境的小伙子,还是一个人,一辆自行车,车上驮着一个箱子。打开一看,还是一堆沙子。警察狐疑,难道真的是美国沙子好,他买回去养花种菜?不大可能。虽有莫大的怀疑,但他还是放小伙子过去了。一连好几次,警察都撞到小伙子,一模一样的过境方式,一模一样的装束,他们都再熟不过了。终于有一天,这位警察拦住小伙子,问道:"哥儿们,你告诉我,你每次这么往来边境,到底走私的是什么?我就是好奇,你告诉我真相,我不会治你的罪。"小伙子也爽快,笑着说:"我走私的是自行车。"

你看,既在意料之外,又在常理之中。大部分人都认为,走私的东西一定要放仔细,隐藏在一个不容易被人发现的地方。但如果真的稍稍变换一下思路,大家就弄不明白了。

其实想要弄明白也简单,用六何分析法,不到四步,就能分析得丝丝入扣,最后无限与结果接近。

When,时间没什么问题,一个相对固定的时间点。Who,人上也没什么问题,就小伙子一个人。What,可能走私的东西,这个得好好琢磨一下了,会有很多:可能是吃的,也可能是用的,还可能是穿的戴的(如越南妇女近几年常从中国广西入境,走私货物到越南。一个人空手进来,一个人空手出去,看上去手里什么也没有。但实际上,身上套了一件又一件,内衣、内裤和牛仔裤,最多的,一个人竟套了78件衣服。一个小瘦子进来,一个大胖子出关)。How,可隐藏的方式,是拿在手里,还是装在器皿里,或是穿戴在身上,抑或昂贵的小首饰或毒品被他吞入肚子里。你看,警察先生,如果这样一分析,估计第一次小伙子就被发现了。

5. 黄金圈法则和 5W2H 法则

除了有六何分析法上下延伸、精细分析之外，黄金圈法则和更细的 5W2H 法则也是非常经典的。

对于黄金圈法则，很多人都不陌生。它的发明人是西蒙斯·涅克，他写过一本书，影响全世界，在中国卖得也很火——《乔布斯让苹果红遍世界的黄金圈法则》。书的宣传语是这么写的：那些赢得众人追随的领导者，其思考顺序都是从"Why"开始，再向外扩散的。

请看下面关于两种模式的对比图。

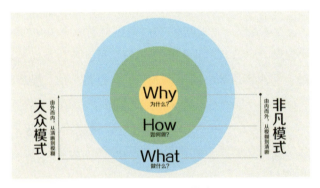

大众模式与非凡模式

普通人都是从外向内思考与行事。先是考量具体的东西，做实际的事。出现问题了，就会询问，怎么做才能解决。最后不管成功与否，总会问一下，为什么是如此的差或为什么出人意料的好。

而高人、"大咖"们就不同了，在做事之前，他们就会认真思考。Why，为什么要做这件事，这件事的意义所在，是解决人们的什么方面的问题，这个产品是要做得操控更方便呢，还是运行速度更快，或者是外观更漂亮……总之，实用性、艺术性对人们的影响，对世界的改变，对未来的期许等都在他们的大脑里运转。

接着，他们会思考如何去做——How，具体方法、实施、流程、工艺等都在考虑之列。

最后，他们才会关注 What——结果，或者说定义好了"为什么"，接着排兵布阵，监控实施，最终的结果通常不会太差。这就是有智慧的管理者与一般从业者不同的做事思路。

现在，我们假想一下"小米智能手环"的诞生过程。首先，制作者会自问或进行头脑风暴：我们为什么要做手环？它要解决人们的什么问题？它的功能是大而全，还是要聚焦运动功能？外观呢？是要像传统腕表那样具有装饰感，还是简约、时尚、带有未来元素？总之这一系列问题搞清楚了，手环的雏形也就出来了。

接着如何做呢？在小米的生态产品平台上就简单了，小米有钱，如果不够，顺为还有；小米有技术，如果自己这边技术人员不足，其他兄弟单位也可借调能人；小米有资源，前端原料采购，中间代工企业，后端销售有小米商城和线下数十万家小米之家和小米小店。这一套组合拳打下来，不成为爆品才怪。

最后做什么？这就具体了，通常是创意形成、资金支持、组建团队、打磨产品、联通渠道、上线售卖、售后服务等一系列具体行为的实施。

"黄金圈法则"既有理论，实施效果也很好。

5W2H法则又称为七问分析法，此法与六何分析法基本相同，只是多了一个"H"，即How Much——多少？做到什么程度？数量如何？质量水平如何？费用产出如何？

这问题一出，等于在原有的六何分析法的基础之上进行了升级，更加细化，更加与实际贴近了。

由于大部分内容与六何分析法相同，这里不再赘述。下图所示为5W2H法则。

5W2H法则

第七节 联想的力量：联想关联

1. 万物皆有联系

事物之间的联系在此前的双重对照分析和因果关系中已经讲到了。放到这里再重述一下，目的是引起关联，加深印象，增强记忆。市面上确实有一些机构通过这种形式来培训记忆之法，其核心原则就是：将多个事物用一个生动的情节串联起来，让人在大脑中产生联想，形成强烈的画面感和难以磨灭的故事情节。

举个例子——女孩和大象，乍看起来是八竿子打不着的两个事物，实际上如果进行联想关联，是会产生无数个生动的画面和情节的。

有个漂亮的女孩，她是一个小国的公主。此时国家正在举行庆典，她正坐在大象背上，缓缓前行，两旁欢呼的人群在向她祝福。

一个忧郁的女孩，黄昏时站在夕阳里，一只手牵着一头大象。

马戏团，人声鼎沸，大象正在表演绘画，它看起来很专业，用象鼻熟练地卷起一支彩笔，很快就画出一个女孩的轮廓。

……

这种联想关联是无穷无尽的，两个看似没有关联的事物，只要你想把它们连起来就一定有办法。生动的情节强化了记忆，你想忘记它们都很难。

此法类似经典的"罗马宫殿法"，铺垫一个自己熟悉的场景——或居室、或花园、或书店、或咖啡馆，将所需记忆的信息和已知标志物一个个关联起来，张挂起来，营造出情节，勾勒出画面，以此来强化记忆。这种操作更基础、更简单。

比如，洋娃娃、埃菲尔铁塔、大海、周杰伦等一连串无规则的事物，看看我们能不能将它们都记下来，场景地点就选在客厅。

门上挂个洋娃娃，那是小妹最喜欢的生日礼物，挂在门上要给她一个惊喜——看到门，就想到小妹的洋娃娃；电视上出现了埃菲尔铁塔的画面，塔高大雄伟，让人过目不忘——看到电视，就想到了巴黎的埃菲尔铁塔；整个墙面的颜色是蓝色的，像大海一样深邃迷人——看到蓝色的墙就想到了蓝色的大海；沙发椅上放着一张周杰伦的照片，他在舞台上酷酷地弹着钢琴——看到沙发椅，就想到了弹琴的周杰伦。

此法是将他物变己物，用这种方法，多生涩的内容都可以放进自己熟悉的场景中，给它们一一烙印，使人能够牢牢记住。不信你可以试一下，将下图的事物进行联想关联记忆。

联想关联记忆例图

2. 联想描述升级

刚才是两个事物之间的联想关联，不难掌握，现在小幅升级一下，增加一些数量，设计一个故事，把它们都装进去。

词组、短语增多，样式复杂又奇特，如果想在短时间内记住大部分信息，我们预设的这个故事情节估计会曲折离奇，但如果是在自己熟悉的环境下、自己设计的套路中，就容易被轻松地记忆下来。

例如，橙子、英雄、肖申克的救赎、手机、麦当劳，把这五个看似没有关系的事物在短时间内记忆下来。

麦当劳里，正想用手机下单，一回头忽然看到了要接头的人。因为他手里拿着一个橙子。"你喜欢看张艺谋的《英雄》吗？"我问道。他低声回答："我这里有《肖申克的救赎》的电影票。"

背景放在麦当劳，环节设计成了谍战片的情节，两部电影成了两人口中对接的暗号！

这样的信息你会忘掉吗？

"不行，"你说，"你没按顺序来记忆。"

好吧。那我就再试一下。

在一家名叫"橙子"的音像店里，我看中了两张电影光盘，一张是《英雄》，另一张是《肖申克的救赎》。我正想用手机扫码购买，突然发现手机不见了。心想，刚才在麦当劳吃饭，一定是落在那里了。

怎么样，这个故事情节符合要求吧。按顺序来安排故事情节，故事情节也合情合理，都在我预设的场景中。对我来讲，记下来很容易。

有一些科技公司也用这种方法来训练和培养员工的创新能力。

例如，要求把打印机和水果联系起来。

有人说，现在的打印机样子太单一了，如果做成水果造型的，一定有很多人喜欢。

有人说，打印机打印时散发出的味道太难闻了，如果变成水果味儿的，一定既环保又让人喜欢。

还有人说，不如我们利用3D打印机，添加合成水果的材料，把水果打印出来。

……

这些十足的创意并非凭空想象。将事物关联起来，展开丰富的联想，一切创意皆有可能。

第八节 锁定关系：锚点关联

这种方法也得从万物的联系说起，不仅关联而且是多条线索归到一个点上，就像是港口中的几艘船都拴在岸边的一个大铁锚上一样，因此称为"锚点关联"。

1. 和一个事物，通过多种方法相连

假设现在让你和美国总统特朗普连接起来，你会怎么办？

我们用风行世界的"六度分割"理论来试一试。它的大致意思就是，世界上任何两个人如果想认识，通过中间的朋友、亲戚、同事一层层的连接，不超过六个人，就能连接起来。特朗普再厉害也是这世界的一分子，也符合这个理论。

以我为例试着解说。我和"罗辑思维"有合作，我认识那个有名的歪嘴罗胖儿（罗振宇），而罗胖儿又是马云湖畔大学第二期的学员，是马云的亲传弟子。而马云，是世界电商界的开拓者，出访美国时被特朗普奉为上宾。所以，你看，我—罗振宇—马云—特朗普，仅仅通过两个人，还不是强拉硬扯，我和特朗普就连接上了，如下图所示。真是神奇的"六度分割"！

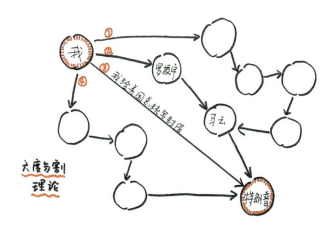

六度分割理论示例图

2. 和多个事物，通过多种方法相连

假设我是个巨大的"锚点"（一个港湾），而这个港湾里可以停泊很多只船，我要和它们一一相连。这些船的航行目的地是一个个大城市，虽然我没有到过这

些地方，但也能拐弯抹角找到很多关系来促成连接，如下图所示。

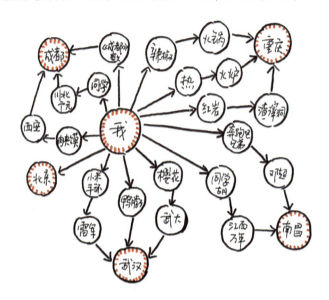

锚点关联（一）

例如，我和成都的关联如下。

（1）我有个同学赵明在川北广元，西成高铁通车后，从广元到成都也就一个多小时的车程。这个连接，够棒。

（2）我喜欢听赵雷的《成都》，歌曲轻松浪漫。每当旋律响起时，我的眼前便浮现成都的画面。这个连接，更简洁。

换个城市——武汉。虽然没去过，但我喜欢运动，每天跑步都带着小米手环，而近期听说雷军将小米公司的总部迁到了武汉（他是湖北人，又在武汉上的大学；武汉最近几年发展迅猛，米字型高铁网络又使其锦上添花——挥师南下，雷军既有情感寄托，也是志得意满），你看，我—小米手环—雷军—武汉，就这样紧紧拴在一起了。图中还有很多例子，可以参照此题，做一幅关于你自己和城市的锚点关联。

3. 通过固定条件的设定，再相连

这个更难一些，因为假设了一些条件，要费一些周折才能和已知目标产生关联。当然，这种方法也会让你的知识网络被无穷地放大，让它们更多地在一个特定场景之下被唤醒。

比如下面这张图。

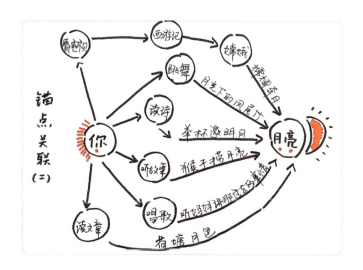

锚点关联（二）

把你和月亮相连，中间通过多种设限，必须是不同的艺术表达方式，如唱歌、跳舞、诵诗、读文章等。感觉很难，但实际上，仅仅运用你早已储备的小学、中学知识就可以完成这个任务。

古诗文中关于月亮的描写举不胜举，如"举杯邀明月，对影成三人"；舞蹈的演绎中也有不少桥段是关于月亮的，如"月光下的凤尾竹"，我相信，那浪漫舒缓的音乐声一响起，就有人要起舞了；文章中关于月亮的描写就更多了，朱自清《荷塘月色》中对月亮的描写，我相信大家一定印象深刻。

这种通过预先设定条件的锚点关联更加有意思，能够下意识地把大脑中浅层或深层的意识、有关的知识等呼唤、挖掘出来，并且放在同一个场景中，能够产生非常棒的质的变化。

此法一定要掌握。

第九节　一点即世界：原点引爆

理论上来说，应该没有原点引爆这样的炸弹——炸弹落地后散落无数弹片，而每个弹片又飞炸起来，散落无数个弹片。此无休止，越炸越多，直到无极。

炸弹没有，但在思维世界里，这样的信息发散方式一定是有的。而任何一种世间之物都可以成为那个神奇的弹片。

我们给这样的信息引爆之法起名为"原点引爆"，而这种方法又可细分为强关系引爆和弱关系引爆。

1. 强关系引爆

强关系引爆指有较强的直接联系的事物之间的引爆，如下图所示的血亲和姻亲的根脉图。

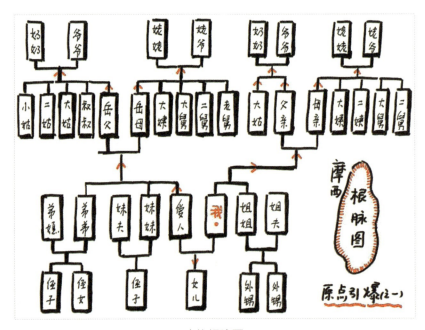

家族根脉图

家族的根脉是通过血亲和姻亲紧密连接起来的。将任何一个人作为起始点，上下衍生，都将有无数的关系产生。一个连着一个引爆，纵向由血亲连接起来的家谱，即便上溯到春秋战国时期也都是清晰可寻的，中国的孔氏家族就是这样顺承下来的。横向由姻亲连接起来的关系就更复杂些，估计超过三层，就很难彼此经常互通了。有时我们甚至知道有这层关系，但可能从未联系过。理论上讲，这样的横纵关联可以把所有中国人都纳入以你为中心的关系圈中。

这就是强关联的原点引爆——家族根脉图。每个人都有一定的特殊性，可以试着在纸面上上下延伸，左右扩展，总会呈现丰富的内容。

2. 弱关系引爆

（1）一点引爆。

从一点引爆，无数弹片飞起，瞬间又多次引爆，它们之间的联系可能没那么紧密，有的甚至仅是关联、涉及、影响、辐射，但那又如何呢？这是你第一时间想起并连接起来的，它们之间必定有千丝万缕的联系。

不信你们看下面这张图，我们从一首歌"炸"起。

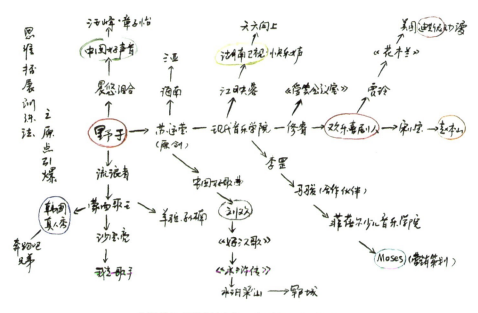

"思维拓展训练法之原点引爆"思维导图

这首歌就是《野子》，首次听到这首歌是在《中国好声音》节目上，由来自中国台湾的晨悠组合演唱，词很棒，曲子有特色，双和音优美动人。当时我以为是港台名家写的词、谱的曲，网上一查，竟然是名不见经传的苏运莹。于是有了兴趣，将她的名字写在纸上，通过信息的上下延伸、多次引爆，我竟然得到了超级多的信息，甚至关联到了自己，联通到了世界。

（2）多点展开。

我们就从中间那条横线出发，一个点一个点地引爆。苏运莹毕业于现代音乐学院，这是一家历史并不久、但影响力很大的民办学院，位于北京通州区。这个学院最近几年出了很多"选秀明星"，苏运莹是其中的佼佼者，修睿也不错。修睿是个娱乐天才，出道的时间更早，《爱笑会议室》是其参与的经典电视节目，但参加了《欢乐喜剧人》之后，更为人所熟知。同期参加《欢乐喜剧人》选秀节目的，还有来自东北的宋小宝，小个子、黑皮肤的他早已通过多部影视和小品作品而家喻户晓。他的师傅是小品王赵本山，膝下有众多门徒，宋小宝就是其最得意的门徒之一。由于纸张幅面有限，我们暂且引爆到这里。我们再看其中的另一线，也很有意思，说最终联通到了整个世界，也不为过。还是从苏运莹开始，她参加过《中国好歌曲》的选秀，而刘欢是其中的一个评委。刘欢又唱过《好汉歌》，这首歌是热播电视剧《水浒传》的主题曲。而《水浒传》，我们大家都不陌生，是四大古典名著之一。故事的发生地是水泊梁山，而梁山在山东郓城县，正所谓：梁山一百单八将，七十二名在郓城。这些联想丝丝入扣，环环相连，不拖泥带水，不牵强附会，如果愿意，仍能继续联想下去。这种连接，我将其命名为"弱连接"，里面有间接关联的意思。但不管怎么样，事物间都有效地连接起来了。

再给大家看一条线，把我自己也裹挟其中。我们从中间的"现代音乐学院"那个点开始引爆。此学院的院长叫李罡，李罡承办现代音乐学院时，早期的合伙人是马骏（一个风风火火、雷厉风行的女子，能力强，人脉也广）。我曾经和她有过两面之缘，给她创建的"菲蓓尔少儿音乐学院"做过市场营销策划，关系还算不错。从这点来看，让我和苏运莹通过学校搭建起关系，在理论上完全行得通。这条引爆线，成功！

里面可以引爆关联的内容还很多，可以自己去尝试一下。每一个知识点，不同的人或者是同一个人在不同的时期，连接的内容都不一样。这才是趣味之所在。

看过了两种引爆方式，我们尝试着总结一下它们的特性。

3. 引爆的特性

（1）无限延展。

无论是家族根脉图还是一点引爆的歌曲《野子》，我们看到，每一个点实际上都是可以展开的，并且无限延伸下去。虽然说有些朋友现在还未结婚，还没爱人和孩子，但将来大多数人会有的，那种情况我们不包含在内。

（2）互为关联。

如果空间、平面够大，实际上每个炸开的点与其他的点都可以是互通关联的。在关联的同时，又重新构成了一个新的世界。

两种引爆形式都是这样的，你填写的内容越丰富，关联的点越多，那么它们之间连接的可能性就越大。说不定你踏尽了千山万水，而要找寻的那个知音人就住在你家楼下。但如果没有这样的连接，纵使你们隔三差五在楼道里见面，你也永远不会知道你们之间存在着这样一层关系。

（3）一点即世界。

由此可知，一点即世界。正所谓："一花一世界，一叶一菩提。"如果你的知识背景够强大，这种"飞炸"、延伸、关联几乎都是一气呵成的，只是当时你的想法可能使可绘制的材料过于有限。

有人担心地问："基础不牢，储备不足，怎么办？"我觉得这点问得好，这也正牵出原点引爆之法的另一个优势——兴趣学习。每当在一个知识节点卡壳了，就去看相关的书，问知识渊博的朋友，在互联网上查阅。这时，你发现，你的"任督二脉"又被打通了。这样既能发散你的思维，又能学到很多新知识。

下图是"摩西脑图"团队成员杨晓雷老师的作品，其对著名科幻小说《三体》作了梳理和分析。

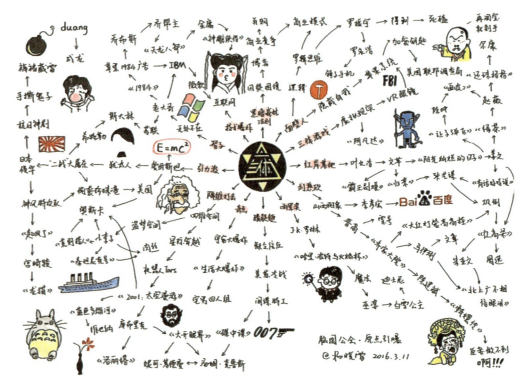

《三体》解读思维导图

第十节 知识的反向设计：疯狂填字

1. 从结果找机会

早些年，我们经常能在报纸、杂志的角落看到各种填字游戏，那时非常流行。这种游戏通常有很多方格，就像国际象棋的棋盘。有的方格中填了字，有的方格没填字，留空的地方是要读者填写的。

那么填写什么呢？旁边有横纵提示，标注具体位置，然后是对所需填文字的提示信息。例如，有一个成语形容人们特别高兴的样子；刘欢最有名的一首歌；中国七大藏书楼之一，位于河北承德……总之，天文地理，历史人文，内容包罗万象。如果知识积累有限，那么做这种填字游戏还真的是抓耳挠腮。当然，也有一气呵成的，因为他积累的知识丰富，扩展关联的能力非常强，出题人的那点思路，都在他的掌控之中。

这么一个不老也不新的文字游戏，我认为挺有趣。做过十几个之后，我就有了自己的思考：这种游戏是如何设计出来的？它的底层逻辑是什么样的？我自己是否也能够设计一款属于我的"摩西填字"呢？用我之前总结出来的"原点引爆"理论是否能够实现呢？

从哪里切入呢？我想到了一部电影。于是，我在空白纸上写下了"鬼吹灯之九层妖塔"这几个字，这是前几年比较火的一部影片，如下图所示。

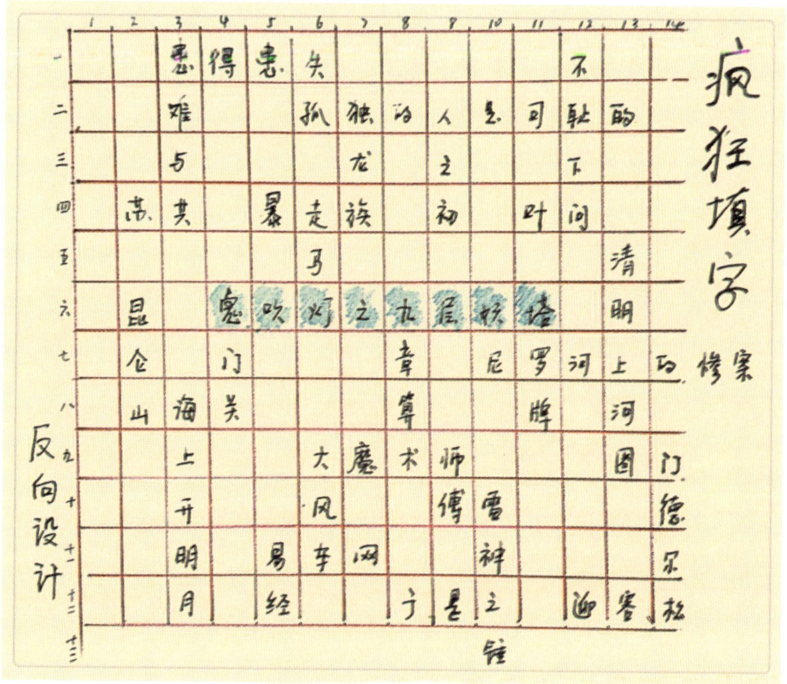

疯狂填字游戏设计一

我尝试着将其中的一些核心字上下发散、扩展，呈现更多更新的内容：

鬼—鬼门关—关—山海关—海—海上升明月；

灯—走马灯—走—暴走族—族—独龙族—独—孤独的人是可耻的—孤—失孤；

九章算术—术—大魔术师—师—师傅—傅—傅雷—雷—雷神之锤；

塔—塔罗牌—罗—尼罗河上的惨案—上—清明上河图—图—图门；

……

2. 多变的选择

同样一个初始的电影，每个人的关注点和连接的内容都是不尽相同的。例如"九"，有的人想到了"九宫格"，有的人想到了"九章算术"，还有的人想到了"九死一生"。只要是合情合理的都可以。

甚至，不光是别人，就连你自己，过了一段时间再去设计这样的文字游戏时，你首先想到的关联性的语句也不一定是现在的这些内容。因为社会在发展变化，时间、空间在转换，总有新的事物出现。

3. 娱乐也可以学知识

虽然填字是个游戏，但也能学习知识。因为有些语句我们虽然能脱口而出，但实际上对其并没有深刻的理解，学得不扎实，要关联就更难了。因此，每每延伸了一个知识，关联了一个重点，我们就把它拿出来，复盘一下，深挖一下，就能产生更棒的内容来。

这个看似简单轻松的知识，如果分享出去，不但对别人有帮助，对自己来说，也是一个精进提升的过程，一举两得。

如下图所示，用"欢乐喜剧人"来做初始文字，根据提示信息，大家可以把相应文字倒推出来吗？

疯狂填字

横轴：(从左到右)
1b. 喻汉界违背记一马守信而被杀害的典故，后多泛指动摇不定。
2h. 中国四大汉族民间传说之一，与梁祝齐名。
3d. 凡尘俗物的幻灭结一。
3a. 古代宫及群臣居一体饮酒。
4h. 反复琢磨他们的器乐也。娘娘等人，《紫墟经》中年轻武将徐熙词圣骑士。
5c. 河流时稀此之怒，地区分政治到另一名称。
8a. 漠阔山溃，中国名画四大名著之一。
9f. 风夹他的草车虫名约定，一评名然也各保为集。
10b. 依照据果子主题的旧时未名意思依旧速寒。
10h. 罗松长小说企会此故园三国的色彩混乱家史。

纵轴：(从上到下)
a9. 概括成建山滨，经及法律的观得海之名著。
b3. 世界第二大洋之名称。
c10. 故语，比喻的短瞬逆以，千恋皆各种不断谷化。
d6. 故语，世密时名字并。
e7. 河流路之物流北，和语川国家是以此文这来运，同古铜也真实记。
f9. 概括6的漫画家身山与一句诉通国动漫作品，系列活画片。
f4. 时代代君高，漫画记的最高神腾小说，阿富汉斯回寻影片和惊，动描写记述少年的身上将遭送先一部小说。
j4. 歌子《影影》的名称。
k1. 《燃起成都始的中心之风味冶居住人了头,七米,梵神色窗以

@Blue么 2016.3.13

第十一节 条条大路通罗马：成语接龙

1. 定式中的自由

如果你经常听相声，就一定知道这么一个相声小段，它没什么包袱，如果表演者太过刻意的话，你甚至都可能不会笑。这个相声就是从一个短语开始，向下关联，字头咬字尾，最后连接到成语"十全十美"上。当然，最后一个"十"语音相近就可以，石头的石，时间的时，事件的事，都可以。

2. 达成结果的 100 种方式

条条大路通罗马，成语接龙也不例外。中国文化源远流长，已知的成语有万余条，所以说，基本上任何一条起始的短语，到最后都能以成语接龙的形式落到"十全十美"上。

作为中国人，如果受过正规的小学、中学、大学教育，那么每个人的大脑中储备几十条、上百条成语是一点问题也没有的，关键是如何更快抵达，如何产生更多变化。有一些词怎么都过不去的时候，要查查字典，通了就记住它。不通，我们再换条路试试。

例如，从"天高云淡"开始，以下句句是成语，天高云淡—淡泊名利—利欲熏心—心比天大—大城小事—十全十美。

或者是：天高云淡—淡泊名利—利欲熏心—心想事成—成百上千—千里之行—行云流水—水中捞月—月黑杀人—人浮于事—十全十美。

再或者是：天高云淡—淡泊名利—利欲熏心—心猿意马—马到成功—功成名就—就事论事—十全十美。

将之形成思维导图，如下图所示。

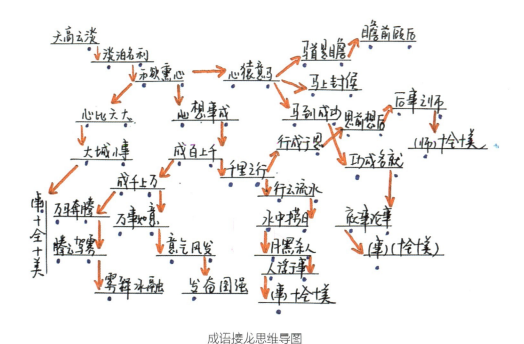

成语接龙思维导图

3. 造型的特色

成语接龙本身是对中国传统文化的传播，因此，每次我留作业的时候，经常会给学员设定一个很好的意境。

例如，将五言或七言诗句的每一个字用成语展开连接，最后抵达"十全十美"。

再如，将一句很美的歌词、一个"大咖"的金句、一部经典的电影名展开连接，任意发挥，最后连接到"十全十美"上。

组成的图形也可以多变。比如，有的是青山绿水的造型，有的是灯笼的造型，有的是花瓶的造型。

成语+中国风的造型，漂亮至极，这样的知识，又有谁不愿意去学、去记呢？

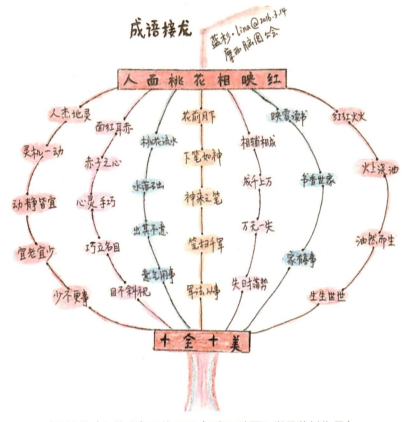

成语接龙（灯笼式）思维导图（"摩西脑图"学员蓝杉作品）

上图所引是崔护诗中的一句"人面桃花相映红"，里面的每个字都做了延伸、互联，字头咬字尾，首尾相扣，意境深远。我们选取其中一条来看——"花"：花前月下—下笔如神—神来之笔—笔扫千军—军法从事—十全十美。

"成语接龙"接完，同时也完成了一个喜庆红灯笼的造型，美哉！

另一幅"爱酒不愧天"也特别棒，酒中有文，文中有诗，诗中有意境，是"摩西脑图"成员Kevin的作品，请看下图。

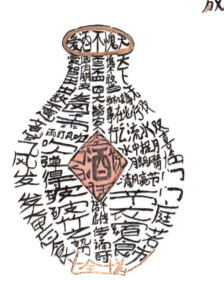

成语接龙（酒瓶式）思维导图

第十二节 图形图像：视觉锤

1. LOGO 的精练

LOGO 是标识，短小精悍，意义重大而深远，往往代表着一个公司、一个意识形态的核心内容。有的 LOGO 简直已经成了大众日常生活中的一分子，与我们的生活密切相关。比如麦当劳的黄金双拱、星巴克的双尾海妖、腾讯的小企鹅、阿里巴巴的天猫、京东的狗、苏宁的狮子……

道琼斯的中文标识"道"字，为中国书法家关东升亲笔书写，遒劲有力，彰显"道义"精神。

亚洲开发银行的 LOGO 出自一位高校美女老师之手，中规中矩，大气婉约，背景色、英文字都有深刻内涵。

联想之前的英文名称是 LEAGEND，国际化以后就变成了 LENOVO。字典里没这个词，就像字典里也没有"SONY"一样。"合意创造"出来的新词带有"国际范儿"，叫起来响亮。

绿茶餐厅的 LOGO 绿底、白字，透着江南水乡的柔美。

"黄太吉"，金黄色的底儿，来自首都北京，贵气袭人，又有满族皇室血统之意——"皇太极"，让一个普通的市井小吃"煎饼果子"也登上了大雅之堂。

各式各样的 LOGO

2. 象形文字的鼻祖

甲骨文、纳西族的东巴文和湖南的女书等都是象形文字，它们有的已经失传，有的只能在教科书和博物馆中才能见到其身影，有的被进行了再次开发和利用。

象形文字形象生动，有的文字即便与我们相隔了数千年，今天阅读起来也没什么障碍。

阅读不难，绘画也很简单，横不平，竖不直，也不会影响阅读。摸到规律，甚至自己都可以创造。拿给别人看，竟然没有违和感！

东巴文

上图是纳西族古老的文字"东巴文"。"洗头"就是长发美女在水盆里洗头的样子；"爱"就是男女两人在一起甜甜蜜蜜的样子。两人手里共同拿着的物件是什么不得而知，但感觉一定是让人愉快和幸福的东西，比如"花"或"吉祥之物"。

3. QQ 表情

这是最简单也是最有趣的表情包，如右图所示，一个圈里一双眉眼、一个鼻子、一张嘴巴就可以了。有的极其简约，甚至嘴巴也没有。顺便问一句，Hello Kitty 没有眉毛，没有嘴巴，你发现了吗？也许正是因为这"呆萌"的微表情，所以才吸引了大批的粉丝。

同理，这种小表情也可以自己来创作，稍加变换样式就可以得到更多。"囧"这个表情我相信你会做，但是"纠结"你会吗？"苦中作乐"你会吗？试着动手做

QQ 表情

一做。

4. 兔斯基

兔斯基是传媒大学动画学院王卯卯创建的卡通人物。小眯眼，大耳朵，各种搞怪的样子活脱脱就是一个个另类的你我。表情符号一上线立刻吸引了大批年轻人。在网络交流中，一些要说不敢说、想说没法说的话，很多人都会用这只卡通、动态的兔斯基来表达，互感、互通，这种交流比长篇大论简单多了。

这就是拟人化简图、表情图的魅力所在。

兔斯基表情

5. 火柴人

火柴人是简约、动漫化的小人。大脑袋，简单棍状的躯干和四肢，简单的眉眼，简化的表情，日常行为全靠各种肢体动作来表现，无论是单体的运动，如奔跑、游泳、跳舞、学习等，还是复杂的运动，如群体游戏、武术对打、对话交谈等，均是如此。

看似简单，实际上，很多美术专业科班出身的大家早年都有过大量火柴人（骨骼人）的练习经历。麻雀虽小，五脏俱全。小小的火柴人几乎可以把人们日常生活所有的造型都呈现出来，而且不费力，细看也很生动。

火柴人造型图

从LOGO到表情符号，从兔斯基到火柴人，从甲骨文到东巴文，这些图形虽小，但意蕴丰富，它们在创新思维导图中扮演着重要的角色，大家可以从中多汲取灵感。

思维训练 第四章

第十三节　图文释义：看图猜成语

在远古社会，原始人虽没有文字，但借助手势比画和图形绘制也能将自己的想法表达一二，并且在对自然界认知的共识上，两个远隔千万里的原始人也可以通过绘画进行粗浅交流。比如，不同民族的画图文字，在描述太阳、月亮、星星、山、水的时候都差不多。

成语是中国独特的文化表现形式，已知的成语有一万余个，日常应用的成语也有三五千个，足以将生活中的方方面面清晰呈现。在文字未产生之前，人们通常用绘图表达生活中常见的事物及自己的所作所为。本节我们尝试用简约的绘图来表达成语的意思。

1. 以图释单字，组合成语

用图来解释和描述单个文字会很形象，而绘制成语最易上手，但也很难将整体成语的语义完美呈现。我们先来个简单的，比如"花好月圆"。"花"很简单，示意的图比较单一——画个小花，人人都懂。"好"的呈现方式比较多，可以在这个过程中展开丰富的想象：英文"OK"是好（绘一个"OK"的手势也可以）；一个女人领一个孩子也是"好"；英文"Good"还是"好"；一个笑脸也可以表示快乐美好，语境丰富极了。"月"就简单了，但最好不要是圆月，画个弯月就行，这样就不会和其他图意混淆了。最后的"圆"更简单了，一个圆圈就可以了。

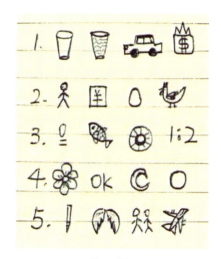

图释成语

这类的看图猜成语比较有意思，在创作的时候会融入创作者自己的心智，并且难易程度由自己来控制。但有些语意难绘的就会比较耗费脑细胞了，可能用一

143

些音、意、形、色来综合表达会更好。

例如"天高云淡"。这里面最简单的就是"云"字了，画上一两朵云的形状就可以。"天"的概念比较模糊，可以用椭圆来示意，表明这是"天圆地方"的"天"；也可直接用一种"英汉互换"的方法，直接写上"SKY"。"高"是相对而说的，我觉得可以用两个一大一小的图形来对比，如两座山、两棵树、两座大楼等。"淡"，可以把笔迹涂得朦胧一些，还可以直接画个"鸡蛋"，来用音示意。

2. 以图释整个成语

用综合图来解释和描述整个成语，有寓意，有一定的难度，但也有更多的表现方法。有时一个成语可以用无数个图来表现；有时又会觉得，有的成语比较固定，只能用某个图呈现才说得清。

例如"兴高采烈"，你可以画一个跳舞的小人儿，但很容易联想到"手舞足蹈"；你可以画一群跳舞的小人儿，但容易联想到"群魔乱舞"；你还可以画咧嘴大笑的脸，但容易联想到"眉开眼笑"。总之，成语用这种方法呈现，会有一定难度，当然这个难度是相对猜成语的人来说的。

再如"二桃杀三士"，成语读起来较长，理解起来意义深刻，但整图呈现却很简单：画三个倒在血泊中的小人儿，旁边再画两个桃子。只要是知道这个成语的人，马上就能明白是什么意思。

3. 以文字释成语

用文字来解释和描述整个成语更有味道，有时极为简单，有时也有一定难度。有些成语适用这种方法，有些成语强拉硬扯也说不通。

还是"兴高采烈"这个成语，用文字示意特别简单。可以把"兴"字画得很细长，踩地顶头；把"采"从中间裂开两半，极为形象，好画也好猜。

再说"天高云淡"，把"天"字画得细长，"云"字用淡淡的笔迹描绘出来就可以。

4. 图文组合释成语

当然，把图和文字结合起来，也可以形象地诠释出一个精彩的成语。

例如，"锦"字上面画几朵鲜艳的小花，你肯定知道这是"锦上添花"。

再如，繁体的"发"字，顶出几根头发，上面如果画一顶帽子，肯定是"怒发冲冠"了。下图所示为图文组合的成语。

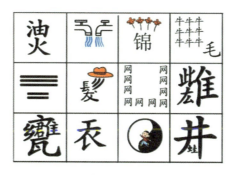

图文组合释成语

5. 以数字释成语

用数字来解释和描述整个成语，有位老师（"摩西脑图"成员代莹）做得相当好，他绘了36张数字图，让你来猜是哪些成语，你能全部猜到吗？

看图猜成语

0	$\overline{3}$	3	$+3$	$\frac{7}{8}$	5 10
3.5	✚	$\frac{1}{2}$	$\frac{2}{2}$	1‰	0.01‰
1001	0+0=0	0+0=1	1×1=1	0000	40÷6
1243	1256	12345	2468	13579	9999
125	1=365	333555	1234567	3456789	12345609

看图猜成语

6. 以英文释成语

用英文来解释和描述整个成语更具挑战性，这需要对至少两种语言的纯熟应用。当然里面也包含一些其他民族的民族文化，不妨尝试一下。

第十四节　思维聚焦训练：舒尔特图表法

1. 思维聚焦的练习

大脑发散久了，分支越来越多，所以有必要每过一段时间训练一下自己的聚焦、集中的能力。在诸多工具中，我认为舒尔特图表效果不错，如下图所示。

舒尔特图表

这是一个练习思维聚焦的方法，几十个数据点，眼睛在捕获一点后，不要停留，迅速寻找下一点，最终寻找到全部的点。按下秒表，给自己规定时间，看看速度有多快。

2. 从 5×5 开始

舒尔特图表量级不等，从 25 个框格到 100 个框格都有。个人建议，25 个就可以了，数量太多了容易乱。本来想放松，反倒受了刺激，这样也不好。读者可依个人情况自行决定。

3. 反复训练

就用这个简单的图表、简单的方法反复训练。你会发现，你的精力越来越集中，所用的时间也越来越短。如果是这样，那么目的就达到了。

自测 练习

1. 试着进行两组商业人物之间的对比分析，如马云和马化腾，罗振宇和罗永浩。

说明：二马都姓马，500 年前是一家；两个罗老师外形相似，都有点胖。但他们的不同点就太多了，至少马化腾没有马云能说会道，罗永浩之前在"新东方"走红，罗振宇之前为央视效力。这两组人物话题很多，就看你选择什么来进行对比分析。

2. 对社会热点事件的因果分析，如 2018 年 5 月滴滴顺风车司机杀空姐事件。

说明：为什么有行为污点的司机能混进滴滴网的约车团队？为什么冰雪聪明的空姐午夜单身出行？事件发生之后，滴滴公司会有哪些动作？单身女孩还能不能随便约车？完成分析后，面对复杂纷纭的世界，你至少能有一个较清晰的认识。

3. 以你身边任何一个物件为开端进行原点引爆，如可口可乐。

说明：先做一个以自己知识储备为基础的引爆版，看到手头这杯饮料，想到什么写什么。再做一个借助互联网工具的引爆版，一边联想，一边百度，可口可乐还有哪些自己不知道的元素和信息，然后再无限展开。

4. 以一个热映的电影名字为起点，做疯狂填字反向设计。

说明：什么电影都行，名字长短无所谓，如从《复仇者联盟》开始。

5. 以一句七言古诗为起点，进行成语接龙，最后落到"十全十美"。

说明：首尾接龙，必须是成语。不用担心，中国常用成语三五千个，日常知识完全可以应对得了。最后的"shi"音同就可以，如"时""事""石""矢"等。最后，整体成语接龙的样式最好还要有意韵，最好带一点中国风。

6. 把你和中国的 34 个省、自治区、直辖市进行锚点关联。

说明：这可是个大工程，你别说，如果好多地方没去过，就不太容易做到。仔细想想，拐几个弯，看看通过其他的人和物能不能抵达。

7. 设计 10 组看图猜成语游戏。

说明：可以用不同的样式和方法，如单字呈现、形色呈现、数字呈现、字母呈现、综合呈现……越巧妙越好！

案例 欣赏

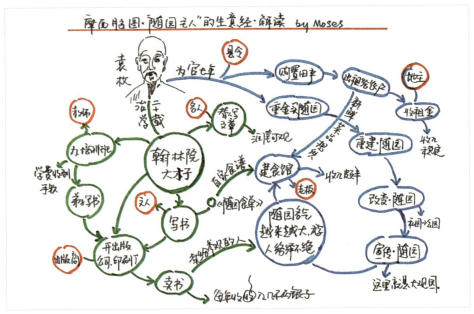

"随园主人"的生意经解读思维导图

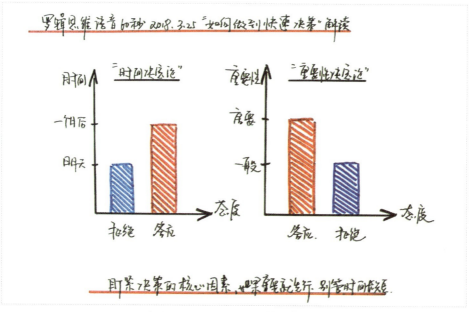

"如何做到快速决策"解读思维导图

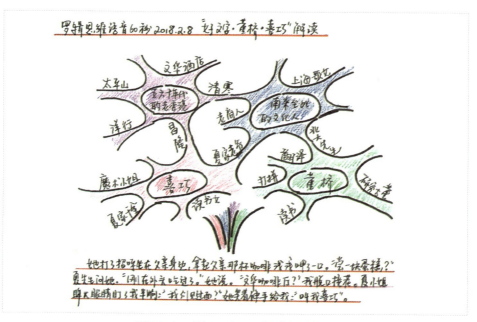

"好文字·董桥·喜巧"解读思维导图

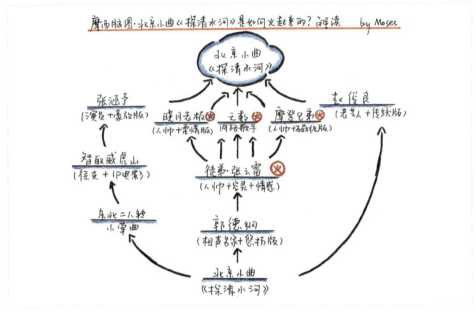

"北京小曲《探清水河》是如何火起来的？"解读思维导图

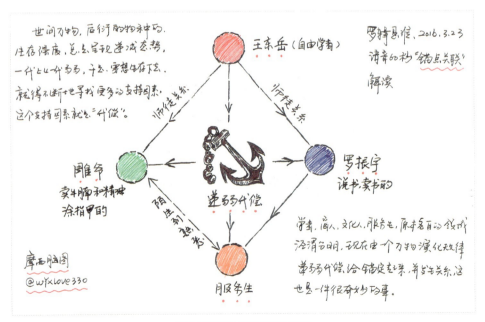

"锚点关联"解读思维导图

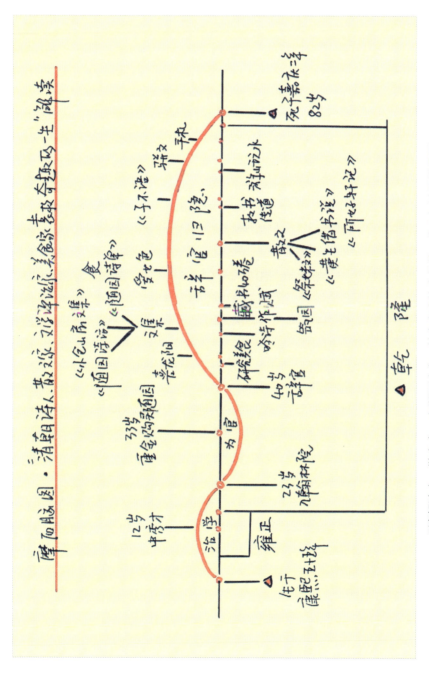

"清朝诗人、散文家、文学评论家、美食家袁枚奇趣的一生"解读思维导图

第五章

搞定工作

第一节 效率之法：时间管理

1. 日计划

　　一年之计在于春，一日之计在于晨。如果在一天工作开始之前就把计划做好了，这应该是一件特别棒的事。有位著名学者设定自我目标管理，用的是清单列表法。在每天工作之初，将一天要完成的事按照轻重缓急写在本子上，标上对应的序号，然后按照条目去执行。对他来讲，这种文字标记的方法很高效。

　　思维导图创始人东尼·博赞则喜欢将自己每天的日程安排画成图，这样做既简洁清晰，又很形象。第二章第三节讲过的曼陀罗思考法中的综合法所举的就是这个时间管理的例子。

　　博赞先生把全天要做的事情（这里面有工作也有休息）都安放在一个表盘上。和我们平常所见的不同，这个表盘有24小时的刻度，从零点开始到24点结束，时间在这里显得丰满又整齐。他在表盘上画了大小不一的扇区，每一个扇区都会标注文字，来表明某段时间要开会，某段时间要坐飞机，顺便处理一些公务；另外，某段时间扇区面积明显比较大，那是自己要安排休息了。

给大家看一幅"摩西脑图"学员小雅的作品,如下图所示。她是个小学老师,有一定的美术功底,同时也有着博赞老先生一样的思路。她的整个构图和造型都比较卡通。对她来讲,生动有趣的内容更有自己的特色,更易于执行。

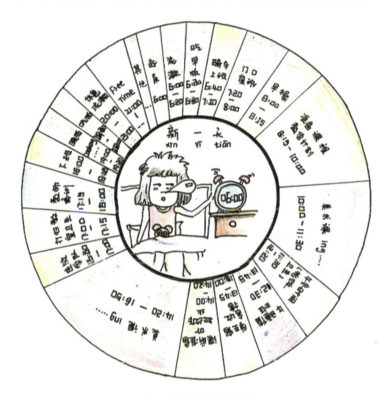

日工作计划思维导图

大家看,小学老师的一天有多忙。从6点钟起床就没闲着,大大小小的扇区中密密麻麻地安排了很多的事情:备课、开会、上课、辅导、组织活动、吃饭、休息。时针从早上开始转,一直到晚上就寝前,中间就没停下过。她把主要的精力都放在了工作上,把宝贵的时间都留给了孩子们。看着图,我们也多了几分对小学教师工作的理解。

除了这种"罗盘式"的日计划思维导图,还有中规中矩的、传统的博赞式思维导图,如下图所示。

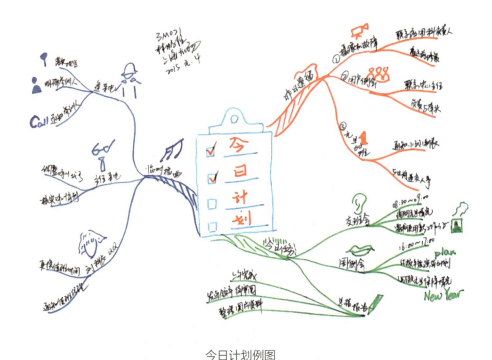

今日计划例图

大家请看上图,这是一个公司中层或高管完成的"日计划"。全天工作分成三部分:昨日遗留、今日任务、临时插曲。这三大类的安排,并非所有人都想得出来。这里面既有管理也有执行,还有对未来的预判及应对策略。这幅图思路清晰,架构整齐,书写流畅,虽然只是一幅日常工作计划图,但也能给我们启发。如其所绘,我们可效仿之。如果你真的做出了此般计划,这计划又摆放在了你的案头,我想你的工作一定是很有条理的,你的目标也一定是清晰的。用脑图做"日计划",简单,清晰,易于执行,这方法你学会了吗?

2. 周计划

与每天的日程安排相比,做周计划则更为宏大——时间长,有更多的事情要安排。当然,也会有更多方法去表达,去呈现——可以用清单列表法,也可以用传统的博赞图,还可以进行各种样式的创新。而我喜欢创新,我也喜欢引导别人去创新。

下面这幅学员的作品在传统中创新,很有特色。周一到周五的工作日他形象地画成一个手掌的五个手指,另两天是周末,他就再画出两个指头。主体画面生动形象,令人印象深刻。另外在掌心、手指肚他也按照当天不同的事项类别,用不同的颜色写了不同的内容。我想,这个性化十足的思维导图,这详细而又周密的安排,能这样完整、清晰地画出来,对于作者来讲,也一定能很好地应对他的工作;对于观者来讲,如果有100张图放在你面前,让你阅读并记忆,隔了很长时间你依旧能想起来的一定会有这一幅。

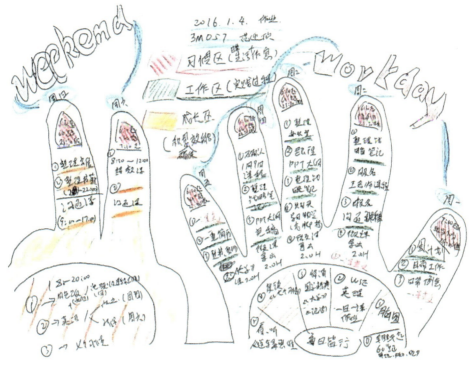

周计划例图("摩西脑图"学员范迎新作品)

当然,用传统的博赞图来呈现周计划也是干净利落的。一周七天,就来七个分支,可以从中心图右上1点钟方向开始,周一到周日顺时针旋转。也可以是中心图格式,两边分别列出,左边五个是工作日,右边两个是周末。每天的内容可以粗放一些,一级呈现,也可以逐级延伸,做得更细。具体还要看自己的需求。下图就是以传统之法绘制的。

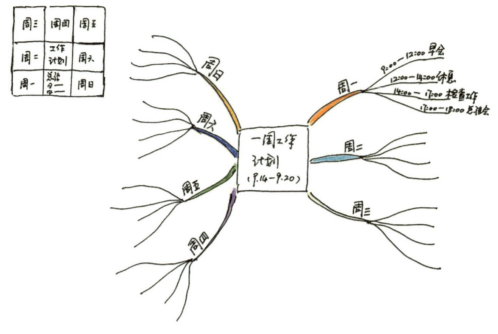

一周工作计划博赞图

3. 紧急重要的事情

  时间管理还可以用象限法，同样简洁明了，如下图所示。重要紧急、紧急不重要、重要不紧急、不紧急不重要，四个被讲烂了的目标内容，如果单纯用语言说明或文字展示，都会显得乏力并且容易混乱。如果在四个象限里进行区隔，再用不同颜色标注，文字辅助说明，就能让人一目了然，清晰而高效。即使你当天有 7 件或 15 件事情要处理，把它们一一安放在对应的象限，哪个也不会耽误。这就是时间管理象限法的妙处。

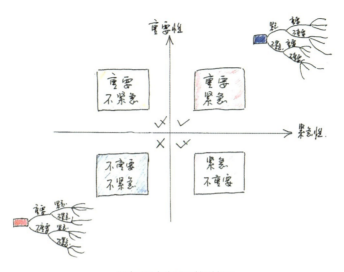

用象限法表现时间管理

4. 二八法则

在很多领域都会用到二八法则，时间管理也不例外。用 20% 的时间做了 80% 的事，效率很高，事半功倍；反之，用 80% 的时间才完成了 20% 的工作，效率低下，事倍功半，时间都去哪儿了？用二八法则柱形图来演绎时间管理，里面的色块比例一目了然，以此强化时间的重要性。当然表现此法，我们也可以用饼形图、博赞式思维导图，甚至更多创新样式来呈现，不要拘泥于定式，如下图所示。

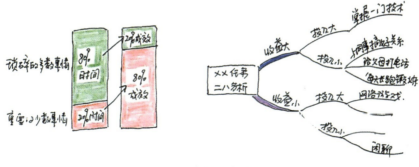

二八法则思维导图

5. 多变的样式

对于个人日常工作的管理和安排，我也会刻意要求自己一方面要计划工作，另一方面要兼具形象和创意。因为一天的工作本来就多而繁重，如果单纯用文字列表来呈现，对我来讲，虽然清晰但却无趣，还容易混淆，放在纸堆里，没准就忘了。形象的图形和精练的文字在绘制和书写的时候会加深你的印象，在执行的时候被遗忘和拖延的机会就会少一点。需要提醒的是，辅助于工作的时间管理图，轻线条，简结构，别做得太复杂。耗费太多的时间，反而会失去它的本来意义。

每天要做的事情不管有多少，我都力求用同一类别的不同样式去呈现。例如，今天工作有七件事，我会用一个很大的气球束来表示，那么其中最大最红的那个就是我今天第一时间要完成的最重要的事。用节日里的气球束来辅助记忆，我一定记得住。

第二天，有九件事要完成，我会画一个仙人掌，上面竖起很多芒刺。别害怕，其中最大最长的那根刺，就是我当天首要完成的紧急重要的事情。用沙漠里的仙人掌来辅助记忆，我一定忘不了。

第三天，事情不多，有五件事要完成，我会简画一个羊肉串，那么其中最大最明显的那块肉就是我首先要完成的事情。用餐桌上的羊肉串来辅助记忆，我第一时间就能想起来。

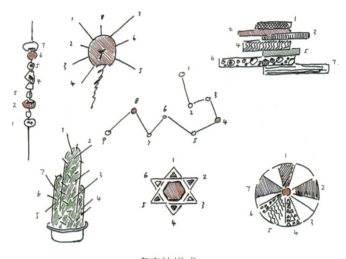

多变的样式一

讲到这里,有的人会有疑问,这样不更浪费时间吗?又写又画的。不会,工作是自己每天要安排的,创意来自大量创作的积累。另外,自己用的图简约、清晰即可,不用太复杂,自己明白怎么回事就可以。几根线条,几个圈、框,几层简单的关系,少许文字标注,根本就不费时间,我个人觉得比清单式的文字要便捷多了。

有人又要说,每天都要画,哪有那么多的创意呀,大脑都空了。这话不假,我也经常会有这样的情形,怎么办呢?第一点,需要平时的积累,肚里有货,什么都不怕,等存货支出得差不多了,还可以将以往发布的样式进行局部的改编和调整,这就是所谓的微创新。当然第二点,最棒的方法就是观察你身边的世界,认真感受生活,甚至有时候人为指定一个事物,将它作为此次绘制的目标。

例如,我散步时看到井盖的造型比较别致,上面的纹路层层叠叠,如果拿来做造型,就棒极了。

喝水的时候我在想,乐百氏广告说,经过27层净化,你才会得到这样一瓶纯净的水,这27层究竟是什么呢?如果瓶子里一层又一层地装满大小不同的石子、不同颜色的沙砾,甚至不同形状的清洁球,那该有多漂亮呀!

还有一块块钉起来的、长短不齐的木板,一块又一块交错垒起来的石头,一片一片璀璨盛开的花瓣……只要在这世界上存在,创意就永远存在。如下图所举示例。

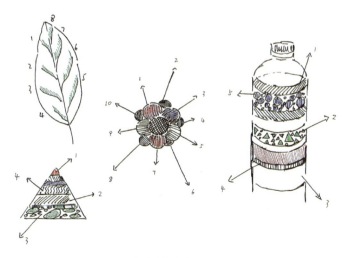

多变的样式二

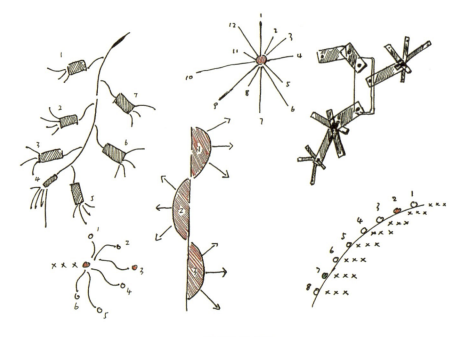

多变的样式三

用这些多变的样式来安排、设定、调节每天的具体工作,就会轻松很多,效率也高很多,不妨尝试一下。

第二节　打破思维的定式:六顶思考帽

1. 思维模式

在实际的工作和生活中,我们遇到的最棘手的思维问题就是混淆不清。假如我们想要在同一时间做很多事情,那么就会不可避免地裹挟太多的情感、糅合太多的信息,并且需要进行太多的逻辑判断,我们的希望和创造力都一股脑儿地出现,各种思维充斥于脑中,就像混乱不堪的战场。

要避免以上情况发生，就要使思考者每次只专注做一件事情，必须将情感与逻辑分开。而要想达到此种效果，"六项思考帽"这个思维工具无疑是绝佳的选择。

六项思考帽是"横向思维"之父爱德华·德·博诺开发的一种思维训练模式，它能够让我们指挥自己的思想，让混乱的思路变得更清晰，正如乐队指挥控制整个乐队一样。

所谓六项思考帽，是指使用六种不同颜色的帽子代表六种不同的思维模式。任何人都有能力使用以下六种基本思维模式。

白色思考帽。白色是中立而客观的。戴上白色思考帽，人们思考的是关注客观的事实和数据。

绿色思考帽。绿色代表茵茵芳草，象征勃勃生机。绿色思考帽寓意创造力和想象力，它具有创造性思考、头脑风暴、求异思维等功能。

黄色思考帽。黄色代表价值与肯定。戴上黄色思考帽，人们从正面考虑问题，表达乐观的、满怀希望的、建设性的观点。

黑色思考帽。黑色代表质疑和批判。戴上黑色思考帽，人们可以表达否定、怀疑、质疑的看法，合乎逻辑地进行批判，尽情发表负面的意见，找出逻辑上的错误。

红色思考帽。红色是情感的色彩。戴上红色思考帽，人们可以表现自己的情绪，还可以表达直觉、感受、预感等方面的看法。

蓝色思考帽。蓝色思考帽负责控制和调节思维过程，它负责控制各种思考帽的使用顺序，规划和管理整个思考过程，并负责做出结论。[1]

2. 造型、颜色与逻辑关系

下图所示的六项思考帽的思维导图造型是别致而标准的。整体结构以六边形起底，稳定又开放，从中心大帽子延伸出来的六项不同颜色的小帽子代表了不同的思维模式。另外，主干的颜色也和各个分支帽子的颜色一致，层级纵深有多重描述。中心图、主干、分支之间彼此逻辑关系清晰，让人一目了然。

---

[1] 爱德华·德·博诺. 六项思考帽 [M]. 马睿，译. 北京：中信出版社，2016.

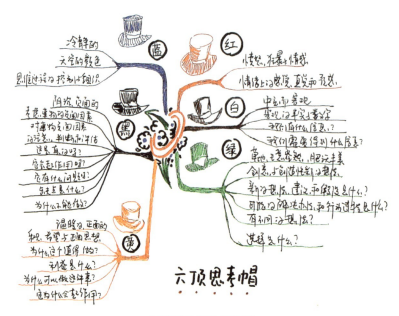

六顶思考帽思考导图

本节中，我们既要看内容，也要看样式，从中学到方法，也要受到启发，甚至有所创新。如果让你在六顶思考帽中选择三顶来做思维训练，你会选择哪三顶呢？如果让你在六顶思考帽的基础上，再加三顶，你会选择什么颜色呢？它们又将代表什么呢？不妨延伸思考，带来更多创想。

第三节　主体思想：形象思维导图

1. 主体形象图占据画面中央

形象思维导图，顾名思义，就是要突出表达的主体形象，一般都矗立或横亘在画面中央，很大很醒目，它是人们的第一视觉中心点。主体形象可以单独呈现，但最佳的表现方式是将核心信息与其融合，并且力求生动鲜明。它的造型可以是一个人、一棵树、一丛竹子，或者是耸立的埃菲尔铁塔。

总之，你要表达的心思和想法是可以用一个形象来表现出来的。

2. 脉络清晰，内容丰富

内容可以依据主体形象的布局来进行，在枝干上，在花叶上，在竹节上，在塔尖上，在袖口和花裙上，这些有着天然指示区域的图形最好不过了。但是如果碰到一些有特殊意义的图形，寓意混沌不清，也没关系，也有发挥的空间。例如，圆球上附着游动的支脉、水面上升腾起袅袅烟雾、新鲜的苹果被一根长矛刺穿等，这些强有力的附着物既可以承载丰富的内容，也可以烘托主旨文意。

3. 总结与启发

如果图形占比较大、形象色彩很浓，有时就会遮掩具体思想的表达。因此，与其他形式的思维导图绘制类似，解释文字要清晰，辅助小图要形象。另外在图形的结尾，还要给个总结，提炼个金句，抛出个启发，这样可以双重触动人的感知，加深对文意的深层理解。

埃菲尔铁塔形象思维导图

如上图所示，图的主体形象是埃菲尔铁塔，不用多说，一定是讲与法国有关的内容，这形象很鲜明。与此同时，塔身还"长出"了很多的枝杈，就像一棵有生命的树。上面成熟的"果实"是首都风景、农产特色、地理位置、奢侈大牌、食物与美酒等。中学生学英文枯燥又乏味，但用"形象思维导图"来做课堂笔记，将枯燥的内容用鲜活的形象串起来，真的生动又实用。

第四节　综合分析：SWOT 分析

1. 最常用的战略分析法

SWOT 分析法即态势分析，就是将与研究对象密切相关的各种主要的内部优势和劣势与外部的机会和威胁等，通过调查列举出来，并依照矩阵形式排列，然后用系统分析的思想把各种因素相互匹配起来加以分析，从中得出一系列相应的结论，而结论通常带有一定的决策性。

SWOT 分析法是一个众所周知的工具，它常常出现在企业的战略规划报告里。它来自四个英文单词的缩写：竞争优势（Strength）、竞争劣势（Weakness）、机会（Opportunity）和威胁（Threat）。详细做出公司的 SWOT 分析，对于制定公司未来的发展战略有着至关重要的意义。

通过 SWOT 分析，不仅可以帮助企业把资源聚集在自己的强项和有最多机会的地方，而且可以根据研究结果制定相应的发展战略、计划及对策等。SWOT 分析法除了被用于制定集团发展战略外，还可以详细分析竞争对手的情况，结果也十分精准。

2. 整体分析与实际应用

从整体上来看，SWOT 可以分为两部分：第一部分为 SW，主要用来分析内部条件；第二部分为 OT，主要用来分析外部条件。利用这种方法可以从中找出对自己有利的、值得发扬的因素及对自己不利的、要避开的东西，发现存在的问题，找出解决办法，并明确以后的发展方向。根据这个分析，可以将问题按轻重缓急分类，明确哪些是急需解决的问题，哪些是可以稍微拖后一点的事情，哪些属于战略目标上的障碍，哪些属于战术上的问题，并将这些研究对象列举出来，依照矩阵形式排列，把各种因素相互匹配起来加以分析，从中得出一系列相应的结论，而结论通常带有一定的决策性，有利于领导者和管理者做出较正确的决策和规划。[1]

下图是运用 SWOT 方法绘制的思维导图。

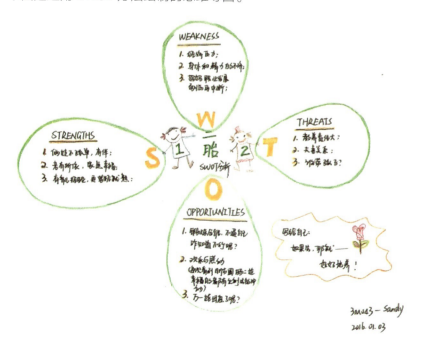

二胎问题 SWOT 分析图（"摩西脑图"学员 Sandy 作品）

---

[1] Kadispfs8. SWOT 分析方法 [EB/OL]. https://baike.so.com/doc/5503705-5739449.html，2018-10-08.

3. 多种创新样式

在创新思维导图中，SWOT 分析法可大可小，百般变化，既可以应用在宏观项目策划和分析上，也可以用在个人的职业生涯规划上。呈现方式也可以多种多样，可以用简约象限，可以用常规矩阵，还可以用传统博赞图，或者更多更具创新的思维导图。

下图为自我 SWOT 分析法，也是从 SO、WO、ST、WT 四个维度进行针对性解读的，属于常规分析法。

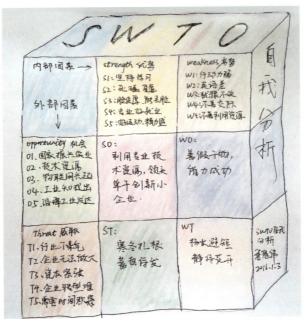

SWOT 自我分析图（"摩西脑图"学员作品）

我们再来看一个特别的，下图是赤壁大战前夕的 SWOT 分析图。

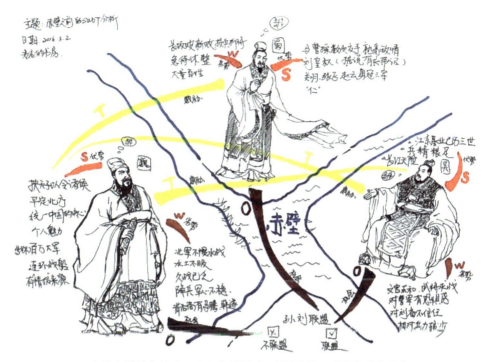

赤壁大战前夕的SWOT分析图（"摩西脑图"成员老应作品）

赤壁大战前夕，曹操、刘备、孙权三家各有优势和劣势。曹操方：兵多将广、挟天子以令诸侯；但北军不惯水战，久战已乏，队中降兵不稳，背后有威胁。刘备方：数次与曹操交战，熟悉敌情，良将多，心且齐；但军队人数少，又方败，亟待休整。孙权方：江东基业稳固，兵精粮足，另有长江天险；但队伍中文武不和，很多人恐惧曹操，对刘备不信任。

三家之间彼此合作或为敌，至关重要，赤壁之战也成了《三国演义》的重要转折点。最后的结果大家也知道了：孙刘两家结盟，北拒曹操，最终获胜。应用SWOT法，全景演绎和分析历史事件，古为今用，此间的创新还真的令我们眼前一亮。

第五节　从整体到局部：项目策划

1. 一张思维导图 =10 页 Word 文字

在做教育培训行业管理咨询工作时，很多时候，无论是笔头记录还是会议分析讨论，或者给合作方、投资人介绍项目，我都会用到思维导图，更准确地说，是用到我的创新思维导图。在我这里，它不再是摆在祭坛上的"神器"，而是拿在手里的称手兵器。

我所从事的这个行业一直是热门行业，二胎、教育、民生、希望……一堆关键词把它"烤"得热乎乎的。很多热钱也涌进来，但是投资人中有很多不是这个领域的，对真正的教育讳莫如深，对市场的把握、团队的架构、教学与教务的管理，以及家、校、社会合纵连横的关系都一知半解。我在这个行业历练了 16 年，从一线小兵慢慢成为名企高管。后来凭借多年的经验，自己干脆成立了一个小型创业团队，专门为一些大型教育培训机构出谋划策。由于资源的限制和市场竞争，超一线和一线城市，如北京、上海、深圳、广州、杭州等城市的单子并不多。所以，公司成立初期，我和合伙人都是各地出差，去二、三线城市寻找机会。在这些地方，碰上投资人有钱、有资源，但对教育不甚了解的情况就更多了。如果一上来就给他们说教育名词和做专业性描述，他们不一定能明白。如果他们不明白，那么未来的推广营销、组建团队、实施管理、最后达成结果等环节，就都会有问题，这个单子十有八九会黄。

唯一没有障碍并且快捷通透的呈现方式，就是画思维导图。将纷繁复杂的道理讲清楚，说明白，这是再好不过的工具了。

给我一个白板，或者干脆用大教室里的黑板，一边画图，一边戳戳点点，一边彼此关联。少顷，就会把一个看起来很复杂又专业的项目讲得头头是道，投资人脸上露出难得的笑容。一到这个节骨眼儿，我就知道，这单子十有八九成了。

简单，通透，省时，高效，一张手绘思维导图顶得上 10 页 Word 文档和 20 页 PPT，另加两小时的啰唆。它给我带来的好处实在是太多了。

2. 从全面到细节

绘图通常不止一张，如果纸面够大，可以把几张图画在一起。如果找不到特别大的纸张，可以用多张 A4 纸连贯完成。成图后，按顺序贴在墙上或玻璃板上，彼此互作参考，分析对照。这看起来有点像很厉害的计算机工程师的工作台，有三台显示屏同时刷屏工作，既可独立显示，又可集中显示。

我合作的机构中很多都有黑板或白板，有的幅面还很大。我喜欢在现场边绘边讲，一张图画完，我自己的表述也随之结束。这场景一般出现在高管们的议题讨论中。当然有更复杂的内容，如大型活动的具体安排、集团重要通知的传达、年终总结、年初计划等，我都会提前画好大体造型，然后具体布置，一一落实，这样既省时，又清晰到位。

下面给大家举一个实例，如下图所示。

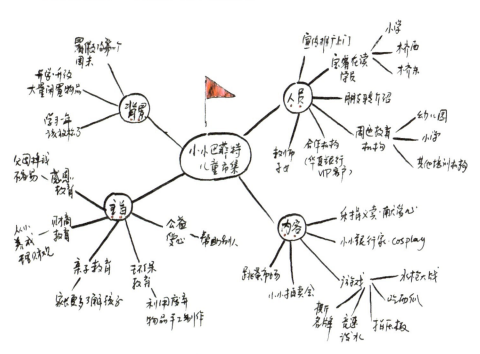

小小巴菲特儿童市集策划思维导图

这是我曾经策划的一个大型活动，一连两天三千人的"儿童市集"，就是所谓的"跳蚤市场"。由于活动很大，涉及方方面面，需要提前三个月筹备。于是我花了一个小时的时间设计出了上图的草案，准备上报给大领导，并开会传达给百余名一线教师。

活动主要分为背景、主旨、人员和内容，这四项之间彼此关联，相互影响。

背景是在一个特定的时间段，学生们开始休假了，他们有很多闲置物品，这个活动可以让他们在这里彼此交流，让假期一开始就变得有意义。

主旨里面内涵很多，包括有关社会上、教育机构和家庭的一些热点，如环保教育、财商教育、亲子教育、感恩教育、热心公益等。

参加人员比较复杂，里面既有本校的学生，也有邀请来的外校小伙伴及学生父母，还有银行、公益组织、社会上的教育机构等派来的代表人员。本次活动既要有内容，又要促进集团整体品牌知名度的提升，为秋季招生做准备。

当然，活动的内容也会很丰富，有核心的"跳蚤市场"，有小小银行家现场体验，有"乐捐义卖"，还有父母和孩子们共同参与的各种小游戏。

由于策划目标明确，前期筹备完善，执行过程严谨，因此，为期两天的千人大会组织得棒棒的，有相当一批孩子已经提前预订了下一年度的摊位。在这里，脑图先期较完备的策划起到了整体架构的作用。大活动可以，小活动和普通的项目也可行，不信你就试试吧。

3. 一边策划一边完善

黑板和白板最大的优势是可以调整，可以用抹布随时擦除，也可以在讨论过程中随时增加，并且在中间可以用不同的颜色进行标注说明。所以一些尚不太确定的事宜、需要讨论的事宜，用思维导图的形式画在黑板或白板上，一边头脑风暴，一边讨论，一边完善所绘制的思维导图，效果更好。

下面这幅在黑板上绘制的思维导图是关于教育的，是对一个中型的教育培训机构现有的艺术项目和未来要开展的艺术项目进行的详细分析：哪些是自有的，哪些是合作的，哪些是未来新开的，备选有哪些，为什么上新，有何根据，现有项目发展乏力是什么原因，下一步该怎么做，关停还是调整，等等。

某教育培训机构艺术项目设定分析思维导图

当然，对具体操作过程中的艺术推广活动的设定也做了周密的计划，甚至细到人数设定。

最后，教学管理方面的一些重点常规工作也要体现在思维导图大纲之中。

总之，依托黑板上绘制好的思维导图大纲，对教育机构增设新项目的议题我们有了集体共识和较为完善的解决方案。

第六节　计划与总结

1. 多元计划

无论大事小事，做前有个计划，心里总会踏实点。我认识一个"大咖"，他曾说："我做事的时候没什么方向，大致就是'脚踩西瓜皮，滑到哪里算哪里'。"我想说，他是过于谦虚了，他只是以这种揶揄的话语来应对未来的不确定性，其实他做得比谁都要好。实际上，在做之前他有着清晰的目标、完整的计划和坚定不移的大方向。只不过在运行的过程中,世易时移,环境变化很快,他的方案和策略也做了相应的微调。

做计划,用思维导图再合适不过了。中心图是核心思想,多边分支,各向展开,项目、任务、人员、资源、资金、流程等,事无巨细,都在里面。

所以有人讲:大方向没错,计划做得周密,认真执行,如此这般,就成功了一半。

2. 归纳总结

当然,剩下的一半是不断地复盘、反思、总结、反馈、调整和创新,同样至关重要。

简约、通透、概括能力强的思维导图,对于归纳总结来讲是有很多优势的。它比纯文字更形象,比纯图表更鲜活,比纯语言更实际。当然,如果把几种方式结合起来,那就更无敌了。

下图是一个教育培训机构的年终总结简图,用传统博赞式思维导图完成。依照普通"文字总结"的范本,它是这样分类的:(1)重申年度目标;(2)实际完成情况;(3)总结反思。

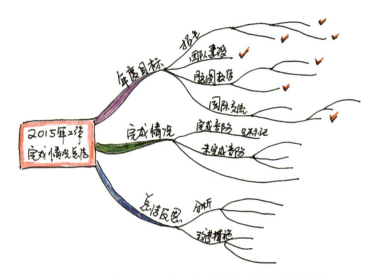

某教育培训机构 2015 年工作完成情况总结思维导图

这三项的关系结构并不复杂，罗列在上，并延续展开，越铺越细，越展越长，整个年度总结清晰到位，既承接了过去，也为将来的整旧推新打下了坚实的基础。

3. 全盘分析

另外，不同于传统的思维导图，创新思维导图力求在总结分析的过程中导出结果，指向更好的方法。它的逻辑关系更为清晰，并非单纯的分散，各自摘取。往往通过创新思维导图的简单梳理，就能得出一个掷地有声的结论。

这项任务留给你，看你能否在传统思维导图的基础上用创新思维导图完成一个年度工作总结。

第七节 有准备就有结果：高效会议

开会就像组织一场活动，我习惯将它分为三部分：会议前、会议中、会议后。这三段都非常重要，任何一部分不完善都可能导致会议的无效。

1. 会前准备

会前准备工作很重要，如果是我主导的部门会议，我会做如下安排：首先，把会议大纲及核心要点绘制下来，如果会议室时间空档允许，我会提前把它绘在白板上，以节省现场会议时间；其次，我会准备具体要讲的内容，如涉及哪些具体细节、数据、流程和人员等，这是整场会议的关键。

另外，我还会安排参会人员做好如下准备：做好前一阶段的工作小结，事件、过程、数据都要一一清楚；会上有提问，有分享，还有互动交流。这是因为会上时间紧凑，现想来不及，也浪费时间。

最后，我还会安排行政人员准备好白板笔、板擦及多张A4纸；安放好白板，调试好计算机和投影仪；提前安排好会议记录人员。

万事俱备，就等开会。

2. 是会议就要有结果

开会就要有结果。会前准备得越充分，会议越容易达成结果。之前活动的总结、现阶段工作的具体安排与落实，各对应岗位的人员分享、互动交流，会上讲清楚、说明白，当时即拍板决定。牵扯到其他部门或者需要集团出面的，记录在案，派专人跟进，限时完成。

当然，整个会议期间要求主控人、主持人、会议筹备者、会议记录者准时准点进行各个流程，在既定时间内结束，不耽误后续事情，不影响大家心情，提高效率，得到结果。

3. 监督执行与会后总结

关于开会，有很多讽刺的小段子。不管什么时代、什么公司、什么样的领导开什么样的会，不少都流于形式，不过是做给上级机关、大领导、投资人看的。有的是领导不重视，有的是根本就没准备，有的是聊得挺多，却都不在点儿上。开完会后，员工该干什么还是干什么，有了纸面上、口头上的结果没用，根本不去落实。

我们来了解一下万达的高效会议。万达的工作法中有一条很重要的准则，即工作安排好后，要马上执行。有人专门负责监督执行，如果不完成，到时一对一复盘总结时，结果拿不出来，是要被淘汰的。干脆利落，一点儿也不含糊。

下图所示即为万达高效工作法的思维导图，其中"开会"一枝为其高效会议。

万达工作法思维导图

其高效会议具有以下几个特点。

（1）电子手册指引，说明、签到全部信息化，没有人情味，但精确高效。

（2）没人迟到，也没人敢迟到，即便是集团副总也得提前5~10分钟到场。

（3）准时准点开会，准时准点散会，时间前后不差5分钟，以严谨博得大家的遵守与信任。

（4）讲的内容全是干货，没有水分，重要大会的发言稿都是王健林自己草拟的，无须秘书完成，所以也不会提前下传到部门领导耳中。这就要求大家开会时一定要聚精会神地听，才能不遗漏重要的内容。

（5）开会不允许替身来开，杜绝各部门领导应付差事。

（6）限时落实，开会时宣布的内容、安排的工作都要细致到具体的完成时间，这样的结果才是真的结果。

第八节　从开始到结束：流程图

以特定的图形符号加说明来表示算法的图称为流程图或框图。流程图是流经一个系统的信息流、观点流、部件流的图形代表。在企业中，流程图主要用来说明某一个过程。这个过程既可以是生产线上的工艺流程，也可以是完成一项任务所必需的管理过程。

在传统流程图的使用基础上，我们赋予了它更多的含义和更丰富的表现形式。因此，当常规流程图、螺旋流程图、闭合流程图出现在你的面前时，不要觉得惊讶。

1. 有始有终

流程是按顺序完成的，流程有先也有后。一般在公司里策划活动，首先做什么，其次做什么，谁先讲，接着谁来承接，最后谁总结，都是事先安排好的。例如，即使是一个简单的面试，正规公司也有标准流程。首先，电话通知面试者时间和地点。面试者到达后，让其到前台登记，引导面试者到人力资源部，由专员接待，让其填写面试人员登记表。完成后，专员面咨，常规问询，做初始判断，不通过即送客，如通过，岗位又重要，则汇报总监。如总监正忙，则改约时间，然后电话联系；如有时间，直接进行面询，过了直接通知入职。如果是更高一层岗位，过了则接着回去等通知，或针对一个专题组织一些资料，写点东西，呈交上来，部门负责人接着邀约面试，或直接老板约谈。

我们来举一个例子。

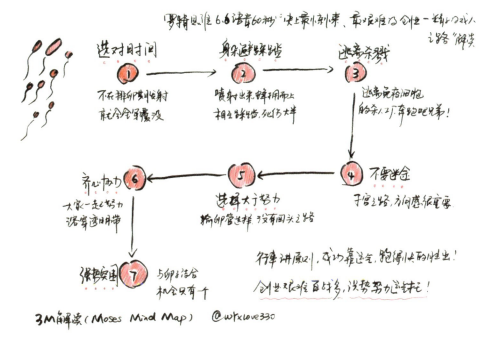

"史上最惊悚、最艰难的创业——精子的成人之路"解读思维导图

上图是一张形象化的思维导图,讲的是我们每个人落地降生前波澜壮阔的成人经历。和其他几亿竞争者一道跋山涉水,过险滩,挤独木桥,很多次都险些丧命,但都幸运地活了下来,最终修成正果,历练成人。实际上这个流程画一条直线也行,可以从头到尾叙述得很清楚。但是简单打几个弯,意境马上就不同了,那挫折、困难的感觉立刻就出来了。

另外,流程中每个重要关键点的描述我也是下了功夫的,特别是那些词组和短语,如"逃离杀戮""不要迷途""选择大于努力"等,都是经过精心设计的。这样读起来会很有感觉,就像身临其境玩一个极为刺激的求生游戏。

2. 层层递进

流程中并非只是单纯的顺承关系,很多时候它会层层递进,螺旋式上升,越到后面越精彩。

下图为我绘制的自己的职业发展之路思维导图。

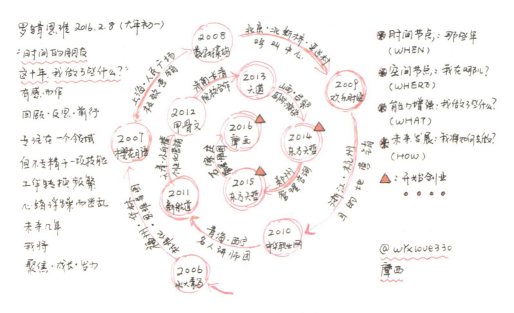

摩西的职业发展之路思维导图

这张图讲述了10年（2006年—2016年）来我的职业生涯变化。从做IT培训的北大青鸟到高端日语培训机构樱花国际，再到出国留学机构天道，最后独立创业至今，一系列公司，一系列变化，在别人眼中未必就是上台阶或螺旋式上升，但只有我知道，不断地积累经验，不断地跨越险滩，都是在给创业打基础。

当然，在这段长达10年的职业生涯里，我一开始就有清晰的事业规划：未来要成立一家管理咨询公司，为那些二、三线城市的大中型教育机构出谋划策。所以，较频繁地换企业，在相同领域不同品类的公司积累经验，为10年后的事业打基础，这种对很多人来讲几乎是自杀式求职的方法，并不适合所有人，大家千万不要轻易模仿。

3. 有开有合

"七年就是一辈子"这是财富大神李笑来的经典语。李笑来是谁？新东方英语名师、中国比特币首富、"得到"知识平台的签约作者、"一块听听"线上微课平台创始人、"时间的朋友"创意提供者……他的身份很多，这里只提到一部分，或许未来他会有更多的头衔，或许会有更多的年轻人效仿他的财富自由之法；或许他拥有大量财富，投资更多公司……未来是未知的，但他的"七年就是一辈子"的成功学在其中会起到极为重要的作用。让我们来了解一下李笑来的"七年就是一辈子"到底是怎样一个流程循环。

下图是李笑来的七年成功学思维导图。前两年主要是学习和成长，而学习也是有方法的：第一年采取苍蝇模式，疯狂乱撞，找方向；第二年采取蜜蜂模式，拼命突破，野蛮成长。接下来的第三年到第六年是收获期，满满的成就感。第七年心满意足，开始休息。调整好了接着上马，又开始新的一轮挑战，又开始一段新的人生之旅。这就是所谓的"七年就是一辈子"。

当然，很难讲这就是最棒的自我学习和升级方法，但李笑来从中获益，取得了成功，至少我们可以借鉴、参考。

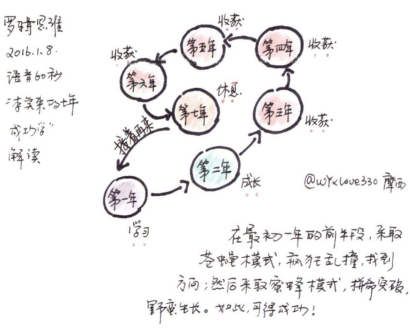

李笑来的七年成功学思维导图

第九节　规范严谨：甘特图

我在教育培训机构做职业经理人时，负责市场拓展和销售咨询。部门里人很多，每月有任务，有预算，有进度，要求各岗位联动，彼此协调，制订可执行的方案，落实到项目，落实到人，并高效执行。这时候，甘特图就派上用场了。它看起来中规中矩，很死板，但实际上非常实用。

1. 分级分类

我们在项目管理上经常会用到甘特图，它规范严谨，有表格，有色块，有进度，有条理地管理和约束着项目的每一步。一个大项目之下划分成若干个小项目，若干个小项目还可以再细分。虽有表格框约束，但一看就是个横放的金字塔结构，从塔尖向塔基延伸，每一步都不放过。

2. 有始有终

表格上半部分通常是时间，如年度、季度、月度，或按周、按天甚至按小时精细统计，需求什么就标注什么。

时间有开始点，也有结束点。时间或长或短，或从头到尾，或中间一部分，都严格地记录着项目的进程与发展。

3. 色块明晰

用不同颜色的条块就是为了便于区分，否则，何时开始、何时结束在同样颜色的计算机表格当中很难识别。

右图所示为一幅教育机构月度工作安排的甘特图，里面用多种颜色标注了要进行的事件，我们选择红、绿、紫三色的事件进行简单说明。

红色事件为"周围市场推广"活动，从1月8日一直持续到1月20日，月底再做两天。

绿色事件为"销售人员熟悉"和"销售流程熟悉"两项内容，二者彼此关联，都放在1月6日同一天进行。

紫色事件为"电话销售和在线咨询人员"日常工作，工作时间从1月9日到1月18日，持续10天。

为了保证整个项目的实施，具体事件的落实通常会安排项目负责人进行实时监控。

为了让事件从快、从速、高质、优质地完成，项目成员需要实时了解项目进度，彼此知晓，如大项目中的子项目，子项目中再细分的项目；什么时间开始，什么时间结束，什么时间又切入新的项目；大项目由谁来管理，过程谁来监督，具体工作谁来执行，等等。分得越细，管理越严谨，失误就越小。

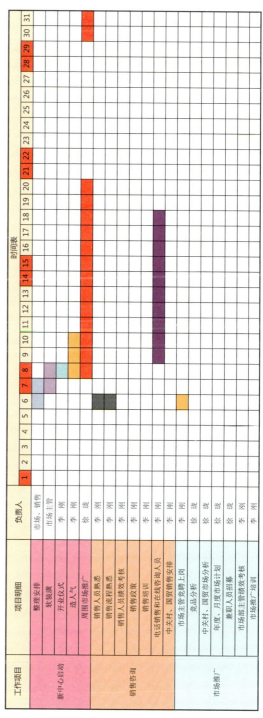

甘特图也可以理解为一个表格化的"树形"结构或横放的金字塔。

第十节 时空的停顿:时间轴和空间轴

1. 时间轴

时间轴方法就是,依据时间顺序把一方面或多方面的事件串联起来,形成相对完整的记录体系,再运用图文的形式呈现给观者。时间轴可以运用于不同领域,其最大的作用就是在时间维度上把过去的事物系统化、完整化、精确化。时间轴记录着年华岁月的故事,让时间不再是我们的障碍,只需一条线就能够回到从前。

只要是以时间为节点的,都可使用此法,如下图所示。

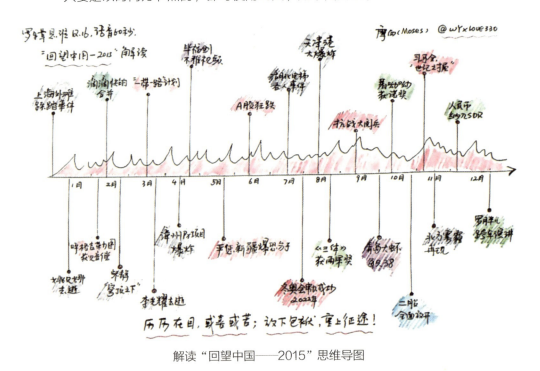

解读"回望中国——2015"思维导图

这幅图是我对自己 2015 年全年大事记的回顾，按月来记、依人而定。串联起来的，是属于绘者自己的，或者说是带有自我认知的 2015 年。每分每秒，每天每年，世界上都会发生很多事情。小的不提，大一些的也万千有余。经济的、时政的、人文的、科技的，数不胜数。人们需要依照时间挑选出自己感兴趣的、第一时间关注的、印象深刻的事情。这样，手绘的时间轴就会深深烙上绘者自己的印记。

2. 空间轴

空间轴方法就是，依据空间顺序，把一方面或多方面的事件串联起来，形成相对完整的记录体系，再运用于不同领域。其最大的作用就是在空间维度上把过去的事物系统化、完整化、精确化。

空间轴主要是以空间地点为节点，在空间转换间达文示意。

你可合参考时间轴的样式，按照我做出的对空间轴的描述，来画一张图呢？内容自选，可丰可简。

第十一节　一看皆明：柱形图和饼形图

熟练使用办公自动化软件的人对柱形图和饼形图并不陌生。在 Excel 表格中它们成图快，有了相关数据，套用模板一下就出来了。配合着说明、总结、PPT 等一起使用，感觉很是"高大上"。

本节讲述柱形图在思维导图中的应用，其效果更形象、更简洁。

1. 色块与面积

和在 Excel 中运用柱形图或饼图一样，我们也是利用柱形图的柱条长短或饼块面积大小来说明事物。为了表达更清楚,还可以加一些外围注释文字。

以我们之前提到的"五感呈现"为例。美国哈佛商学院有关研究人员的分析资料表明,人的大脑每天通过这五种感官接收外部信息的比例分别为:味觉1%,触觉1.5%,嗅觉3.5%,听觉11%,视觉83%。如果只是听到这些数字,可能不太敏感,但一看到下图中那悬殊的"圆饼切块"比例差,一下就可以得出如下结论:人所接收的大部分信息,主要是由眼睛获取的。

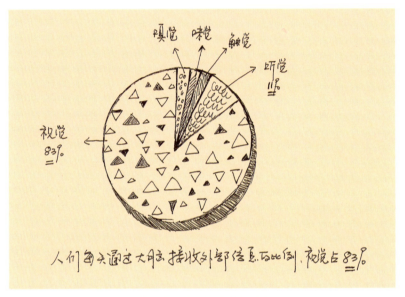

大脑接收外部信息思维导图

2. 成图叙事

还可以用柱形图和饼形图来讲清一个知识,述说一个哲理。首先,看经济学上的两个名词——拉平效应和附加效应。如果看文字解释,很难一下就明白其中的道理;如果用图构建起画面,理解起来就容易多了。先看一下用柱形图的次第呈现,如下图所示。

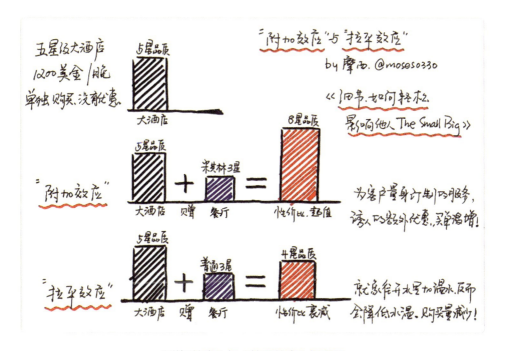

"附加效应"与"拉平效应"解说图

首先是五星级大酒店单独营销,价格昂贵,销售情况并不理想。

"附加效应"是在推主体时进行促销,如推五星级大酒店时赠豪华米其林三星餐厅服务。两个都是各自领域的最强者,强强联合,超值奉送,达到了营销目的,埋单者很多。

"拉平效应"也是促销,订五星级酒店住宿,赠普通三星餐厅服务。后者的用餐环境、服务水平、菜品质量和五星级酒店的服务根本就不能匹配,可以说某种程度上拉低了酒店的水平,等于往 100℃ 的开水里加了 40℃ 的温水,最后得到的不是 140℃ 的开水,而是低于 100℃ 的温水。与其说是"拉平效应",还不如说是"降级效应"。

两个专业名词以柱形简图呈现,文字辅助说明,即刻就能明白。

哲理通常高深、不易懂,但是如果用饼图来呈现,就简单多了。

例如,什么是学习的动力?对事情发展充满疑惑,对大千世界充满好奇,对山河的壮丽惊叹不已,当你有这种感觉的时候,学习的动力就来了。你可以用公式法这样表达:学习动力 = 疑惑 + 惊叹 + 好奇。看样子不错,简约至极,也说明了问题，但有个小问题，就是不够精准。三个圆圈相交，其中叠加互融的部分才是想要的答案。大笔一挥，精简至极，也清晰至极，三圈相交的"韦恩图"出炉了，如下图所示。"韦恩图"是在集合论（或类的理论）数学分支中，在不太严格的意义下用以表示集合（或类）的一种草图。

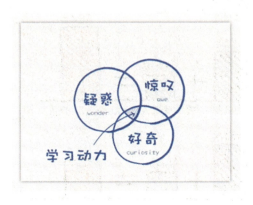

"学习动力"韦恩图

第十二节　层层递进：鱼骨图

在所有的图形管理工具中，鱼骨图应该是最形象的一个了。我猜想，发明人石川先生可能是在某天吃鱼的时候，面对着眼前的鱼骨头突发灵感，才偶得此"神器"。那排列整齐的鱼骨、摇摇摆摆的鱼尾巴，还有那虽无神，但依旧凶猛的鱼头，会不会让你心里一惊？

鱼骨图不仅形象，而且实用，它推因导据、得出结果的功能很强大。在一排排的鱼肋骨上，你可以安放采集、总结或提炼的原因，并且用根据它衍生出来的更多的信息来做支撑，而最终的问题、缺陷则标在鱼头处。

鱼骨图分为以下三种：

A. 整理问题型鱼骨图（各要素与特性值间不存在原因关系，而是结构构成关系）；

B. 原因型鱼骨图（鱼头在右）；

C. 对策型鱼骨图（鱼头在左，特性值通常以"如何提高／改善……"来写）。

在鱼尾填上问题或现状，鱼头代表了目标，脊椎就是达成目标过程的所有步骤与影响因素。想到一个因素，就用一根鱼骨表达，把能想到的有关项都用不同的鱼骨标出。然后再细化，对每个因素进行分析，用鱼骨分支表示每个与主因相关的元素，还可以继续进行三级、四级分叉，找出相关元素。经过反复推敲后，一张鱼骨图就有了大体框架。针对每个分支、分叉填制解决方案。最后，把所需工作、动作及遗留问题进行归类。这样就很容易发现哪些是困扰当前关心项的要因，该如何去解决与面对，哪些可以马上解决，需要调动哪些资源，等等。

鱼骨图类似树状图，都是厘清思路、找出问题点的工具。如果有几个相关人员一起来分析填制，或者自己用几天时间来制作，效果往往会更好。

例如，A 先生想开家服饰店，希望能制订自己的开业计划，他开始制作第一张鱼骨图。

他先在鱼头上工工整整地填写上"开业成功"。接着画出一根根主分支，如定位、资金、选址、货源、导购、库存处理、促销、工商手续、销售目标等，之后逐项细化。以定位为例，在主刺上开出商品选型定位、目标消费群、价格定位、商圈定位等分叉。通过第一轮分析，A 先生可能发现自己有许多问题不了解或资源不足，那么重点就转到具体的问题了解与资源整合上。例如，资金不足问题又可以用鱼骨图来分析。

如果在造型上细分，鱼骨图可以分为交错型鱼骨图、并列型鱼骨图与多重鱼骨图。

1. 交错型鱼骨图

常规的都是这种类型的鱼骨图，骨骼参差错落，层层递进，逐级分析，关系清楚，外形美观，效果也不错。

接下来我们用鱼骨图来解读一则新闻事件。

美国小女孩塞勒家境不错，拥有私人飞机。一天乘飞机外出时遇恶劣天气，飞机失事。她的家人全部遇难，只有她自己幸存下来。然而，在冬天野兽出没的密林山谷中求生，又是晚上，对于一个平日生活无忧无虑的 7 岁小女孩来说困难重重，稍不留神，就会陷入更大的凶险之中。最终，求生的渴望和强大的内心让她充满了力量，荒野求生成功。

如下图所示，鱼尾是主人公塞勒，鱼头是"荒野求生"的主题。中间交错的鱼骨是整个事件的发生经过，逐级递进，紧张刺激。

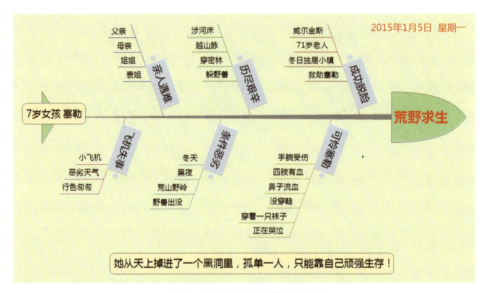

解读"荒野求生"事件鱼骨图

2. 并列型鱼骨图

并列型鱼骨图是我自己下的定义，有点像之前讲过的双重对照分析。并列型鱼骨图与之不同的是，整齐并列的鱼骨层层推进情节，并越来越富有激情。除了样式上和交错的鱼骨图不同外，其他大部分应用都很相似。

下图是我画的解读《耶路撒冷三千年》思维导图，按照历史年份，按照国家的发展与演变，从鱼尾向鱼头蜿蜒推进。左右皆有时间和事件，从 3000 多年前的"以色列王国"到 1948 年的"以色列国"，中间的欢乐、荣耀、悲伤、屈辱都"挥洒"在这幅思维导图上。犹太教、基督教、伊斯兰教都将此地奉为圣城，他们彼此之间的冲突与矛盾绵延数千年，好像只有这样，才是耶路撒冷真正的样子。

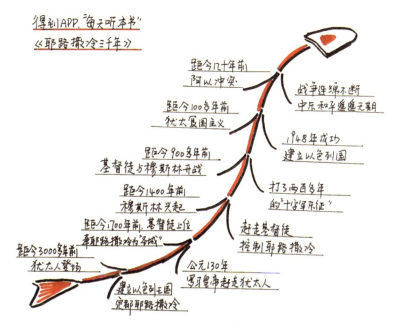

解读《耶路撒冷三千年》鱼骨图

此解读图我前后画了八稿,鱼骨造型是早就定下来的,关键是里面的时间和事件的提炼、梳理、措辞、排序。从不完美到看起来稍稍顺眼,来来回回反复修改完善,直到最后一稿,仍没有十分满意。心想,这也许就是所谓的遗憾艺术吧。

3. 多重鱼骨图

思想不同,文章各异,其呈现出来的关系也异彩纷呈。鱼骨可以单条,可以成双,还可以多条。它们之间互为关系、彼此支撑,结构和架势也是充满想象和灵活多变的。

下图是一个三重鱼骨图,解读的是"罗辑思维"栏目"语音60秒"中的"大师辈出的时代",其中主要包含三个时期:春秋战国、中华民国和当代中国。这三个时期发展历程相似,前期都经过了一段战乱和纷争,但与此同时也激发和唤起了一大批有识之士、良将良才和思想名家。正所谓"乱世出英雄",他们的思想、理念和作为也深深影响着他们所属的时代和后世子孙。三个时代,用三条抵头相对的鱼骨图来呈现是最佳的解读之法了。

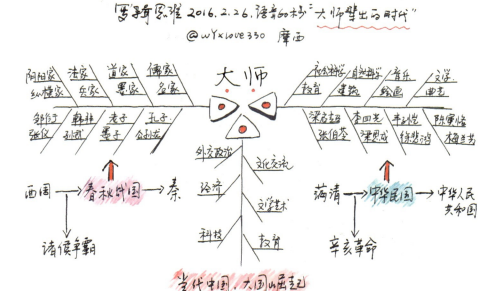

解读"大师辈出的时代"鱼骨图

第十三节　区块分类：象限图

普通坐标，简单象限，上下连接，纵横交错，一个特别复杂的项目，一个极为深刻的道理，一个极为烦琐的流程，其实都可以全部或者部分用象限图来呈现。先看下面这幅简单的象限图，是关于帮助人力资源选人、管人、育人与裁人的，如下图所示。

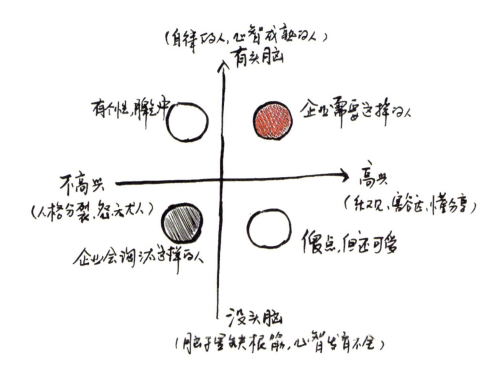

解读《没头脑和不高兴》象限图

《没有脑和不高兴》是我国早期的一部动画片,主要讲述两个小朋友性格不同,因而闹出了很多笑话。

但在实际工作中,我们的单位里,还真的存在这样的同事,只不过他们更为复杂,在有头脑和没头脑、高兴和不高兴之间互相组合、交错出现,也给人力管理带来了难题,但如果画好这张图,就简单多了。

有头脑的人是自律、心智成熟的人;高兴的人是乐观、豁达、懂分享的人。两者交织并存在于第一象限,以大红点标识,良材也,企业需要这样的人。

没头脑的人脑子里都缺根筋,心智发育不全;不高兴的人通常都是严重的人格分裂、怨天尤人者,这样的人待在公司,不但出不了力,还会影响其他人。在第三象限,淘汰不高兴的人是当务之急。

其他两类各有优势,也各有不足。继续培养还是扫地出门就由人力资源部门决定了。

以此类推,在工作中还有很多的人、很多的事、很多的具体项目都可以套在象限坐标里，我们可以对其进行全面的分析，从而更快、更准地得到结果。

第十四节　思维无定式：自由思维导图

有些时候，我们画图时感觉无法可依、信手拈来，想到哪儿就画到哪儿，关系也就连接到哪儿，没有固定的结构，没有常规的套路。后来成图一看，也还不错。呈现出来的东西，别人也能看得懂，甚至还颇有些张旭、怀素狂草的味道，我把这种图定义为自由思维导图。

1. 自由思维意识

我们知道思维是自由的，即便想象力不丰富的人，也能够在某一瞬间突然蹦出很多的点子和想法，如果有外力的刺激，这种点子和想法可能会更多。例如，下班晚了，你独自走夜路回家。有一段路路灯坏了，很黑，即便你是男孩子，心里也会忐忑。这个时间点儿，万一有坏人怎么办？那边的树影处怎么那么像人在抽烟，亮光一闪一闪的？分明是烟头！他站在那儿要干什么，想抢劫吗？感觉他身高有一米九，又高又壮，肉搏的话肯定不是他的对手。手里也没有称手的武器，唯一的硬家伙就是手机。到马路对面走，离他远一点，快点跑……

这个城市其实比你想象得安全，很多可怕的事物都是自己想象出来的。疾步走过去，可能发现原来是松树影，时明时暗的红点是隐藏在叶丛后面的公厕墙上的应急灯。

刚才这段描写其实是我们每个人都有的自由思维意识。它是随时随地都有的，只不过当时的你没有太在意罢了。如果我们能把当时的所思所想都画到纸面上，那就是你的思维导图了。

下图是我手绘的一张屠呦呦获得诺贝尔医学奖的自由思维导图。当时看到这则新闻时，我和大家的感受是一样的——激动万分，中国人扬眉吐气在今朝。但在激动之余，我想，能否把这一历史时刻用脑图呈现出来呢？主意拿定，找出纸笔,开始画图。可是没有头绪。想法在脑子里飞了好一会儿才有了思路,既然是她提炼的青蒿素,那就从青蒿入手吧。于是,中心图画了一枝青蒿。

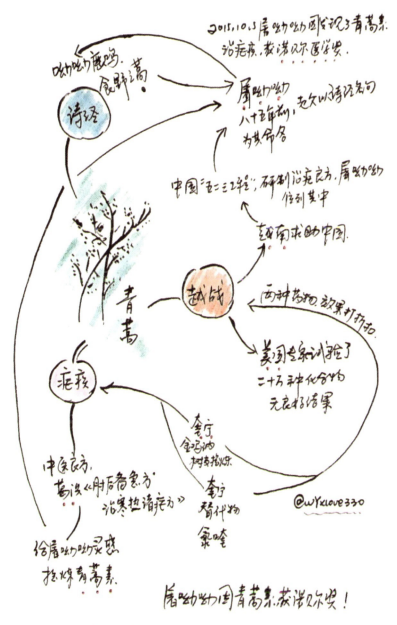

"屠呦呦因青蒿素获诺贝尔奖"自由思维导图

2. 线条是自由的

青蒿画好之后，灵感马上就来了，旁边一拐就画出了"越战"。因为之前有过了解，美越战争前线大量士兵因湿热的天气、不洁的战场环境患上了疟疾。当时，美国医疗水平不错，有现成的奎宁和其他药物来治疗。但谁料想，疫情严重，药物疗效有限。后美国政府集巨资、招众多医学专家实验数万种方法，还是没能找到很好的解决方法，患病者越来越多，病死率越来越高。

越南方更是这样，他们连奎宁都没有，土法治疗，更是苦不堪言。无奈之下，只得求助中国。美越之战事关重大，如果越南失守，我们的南大门也就难保了，中国政府非常重视。毛主席特批成立"523工程组"，从全国各地抽调出精兵强将，来潜心研发治疟良方，而这个著名的"523工程组"里就有中医专家屠呦呦。

顺着另一条线再往上走，从屠呦呦的名字谈起。这是她的老父亲给她取的名，源于《诗经》名句："呦呦鹿鸣，食野之蒿。"而这个蒿，正是草蒿，也叫青蒿。你看，"呦呦"和"青蒿"，好神奇的联系。从屠呦呦的名字又连接到了最初的主题词"青蒿"，万物互联，此段最精彩。

顺着"疟疾"往下走，古时名医葛洪有大作《肘后备急方》，放在手边的治病方子，用来应急，管用。里面也有相关介绍，用青蒿茎叶挤成汁，治疗疟疾有奇效。而屠呦呦就是从中获得的灵感，将青蒿汁进行低温冷凝后，从中获取青蒿素，来医治病患。你看，从青蒿到中医古籍，又联系上了。

3. 关系是紧密的

从整张思维导图中我们不难发现，其实每一个关键点都是可以作为"中心点"发散延伸的，每一个关键点彼此之间都互联互通，有千丝万缕的联系，一旦展开，又是一个恢宏的历史事件或影响世界的伟大时刻。整张脑图，思维是自由的，纵横四海；但是事物之间的关系却是紧密的，丝丝入扣。

第十五节　寻找内在关系：关联思维导图

1. 基因强大

以"混沌研习社"的李善友和"罗辑思维"的罗振宇的关系为例：两人亦师亦友，非同一般，罗振宇和脱不花都是"混沌创业营"的学员，而李善友则是"罗辑思维"的智库领袖。

李善友早年就职于名企，后创办知名视频网站——酷6，影响力和规模一度位于全国前三。经过一段时间的市场竞争，他终于明白，这是个强大的资本游戏，而非简单的技术和市场的较量，然后就抽身离去了。后去斯坦福大学学习，去中欧教课，人称善友教授，并且影响力越来越大。他的知识体系以哲科思维为依托，自身经历过创业汗水和泪水的考验，从巅峰到低谷的滑落，从一步危险到一步平静的完美腾挪。因此，很多学术大佬、商业大佬、创业新星都很推崇他。

而罗振宇，传媒大学博士学位，拥有央视多年制片人背景，《东方时空》《经济与法》等金牌栏目的背后都有他的身影。后工作不顺，下海创业，组建"罗辑思维"团队。经过大小波折，越做越好。最初坚持每天60秒语音传递知识、优酷每周1小时视频分享，后又吸纳会员，做霸王餐，卖月饼，卖柳桃，再到20年的跨年演讲……有相当一阵子，线上线下随处可见"罗辑思维"的产品，随处可听到罗振宇的声音。谁都知道，这个歪嘴的胖子有知识，能"白话"，而"罗辑思维"这家公司也是一顶一的以知识传播为内容，以营销见长的成功创业企业。

2. 相互作用，相互影响

因此，李善友和罗振宇交手相握，也就是"混沌研习社"和"罗辑思维"两者联合：前者借助"罗辑思维"的市场营销能力及庞大的粉丝群，后者则借助李善友的业界影响力和"混沌研习社"的智库大本营，帮自己搞定更多的学术"大咖"、更多的优质内容。两者互为依托，互相帮助，心手相连，你中有我，我中有你，这是一幅名副其实的"关联思维导图"。

下图即为"混沌研习社"和"罗辑思维"的关联思维导图。

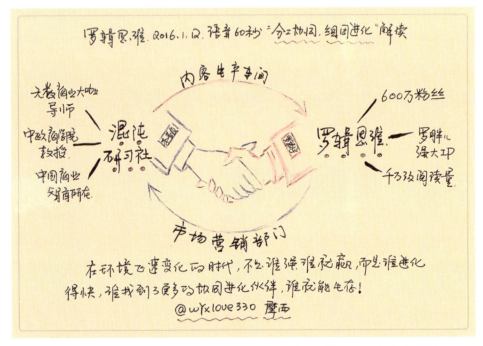

"混沌研习社"和"罗辑思维"的关联思维导图（注：粉丝数为成图时数量）

第十六节　越简单越复杂：思维简图

1. 简单就是复杂

管理学上有个著名的"麦肯锡30秒电梯"理论，其核心思想是，要在有限的时间内把一件复杂的事情讲清楚、说明白。

举个例子，假如你是个努力进取的销售人员，在电梯间正好碰上要赶去外出办事的"甲方"经理(最后拍板定合同的)。刚要张口,对方先给出了条件——"抓重点说吧,小张,车在楼下门口等我"。电梯下去也就半分钟左右的时间,而你要在这短短的 30 秒中把你们之间来来往往、过招已经三个回合的项目讲清楚、说明白还真不是一件容易的事。思绪在脑子里打转,像是一台高速计算机,你能看到黑色的屏幕上显示着无数蓝绿的字符。你正在梳理着要说的话,啰唆的铺垫肯定是不要了,很多的中间环节也得省去,开门见山吧!于是你猛地来了这么一句:"吴经理,我这边再给您下浮三个点,这已经是我从老总那里讨来的最大优惠幅度了。另外,价低质不变,如果验出次品,我们会当日退货,并会查一返三。优质低价,加上后续的服务,我带着满满的诚意,等着您回复。"话说完了,最终的结果不得而知,但估计不会太差。因为,刚才的交流中一句废话也没有,将项目的核心焦点推到台前,并给出了让人难以拒绝的好条件:价格优惠、质量保证、良好的后续服务及满满的诚意。

在语言交流中要想达到表述简单其实是很难的,需要你对业务熟悉并精通,还需要不断地练习"说话"基本功,反复地实战,总结经验,就如同只有把兵拉到战场上,才能教会他如何实战拼杀,如何随机躲闪。

简单的背后是复杂:一个实用型的物件,它用起来会得心应手;一个观赏型的物件,它看起来会赏心悦目。但你知道制造它有多少道工序,后面有多少人为它付出了努力吗?经济学家伦纳德曾经有感于此,写了一篇《铅笔的故事》而影响了世界。平凡后面的伟大就是这个意思。

一支简单又普通的铅笔可以大致分为三部分:笔芯(石墨 + 黏土)、木制笔杆、笔帽(金属托 + 橡皮)。其中石墨、黏土、木头、铁及橡胶的开采、挖掘、运输都需要大量的人力与物力,而所有这些行为的实施都需要有大规模的人和大规模的协作才能完成。更不要说建工厂、生产机器设备、各种安全保障、工人的衣食住行等方方面面。为了造一支小小的铅笔,都要调动很多的资源才能完成,这背后的复杂才造就了后来使用上的方便。

2. 简约不简单

明白了"麦肯锡 30 秒电梯"理论和《铅笔的故事》的含义后,我们来看一幅看起来很简单的思维导图作品。

"最有尊严的活法"思维导图

这是一幅极简的思维导图，是我的早期作品，核心内容是富兰克林信奉的"最有尊严的活法"。中心图简单，就是一片云朵托起一个小人儿，小人儿有细小的四肢，没有五官。但从身形上来看，他虽然很低调，很谦卑，但腰板挺得很直，丝毫也没觉得说出下面这些话是丢人或令人难堪的事。

箭头甩出来四项内容：勤奋、做具体的事、对周边的人有善意和光明正大地挣钱，都是具体的执行方法。前三项严格要求自己，做起来并不太难。第四项在当今社会，除了自己心底坦荡之外，还需要有社会责任感，得到社会的认可。低买高卖，中间赚个差价没问题；但如果是囤积居奇，以权谋私，以次充好，获取暴利，那就不对了。

上面的核心短语和小句大家都能接受，但下面总结出来的金句就有些犀利了，锋芒毕露，即便在市场经济大热的今天，说出来可能也是令人面红耳赤的。"精致的利己主义者，是人类进步的阶梯。"有些人知道什么是"利己主义者"，但对"精致"的概念很模糊。另外，为什么只有这批人才推动了人类的进步？利己不就是只为自己着想吗，不是自私的表现吗？

在现代社会，零和博弈已经不是常态，所谓你死我活、你多我少的竞争状况越来越少，而利己的同时未必损人。"精致"可以理解为聪明或有智慧，这样品味起来，就更好理解一些了。

"最有尊严的活法"是否已经理解了？每个人都有各自想走的路、想要的活法，先从深入了解自己开始吧！

人生不同路思维导图（"摩西脑图"成员 Frank 的作品）

自测 练习

1. 做自我职业规划的 SWOT 分析。

说明：你的优势在哪儿？不太成熟的地方又是什么？什么是你的威胁？你未来拥有的机会又是什么？如果有的地方你还看不清，不妨找个熟悉你的、年长的、有经验的朋友帮你分析一下。然后参考他（她）的建议再来画图，图的样式不限。

2. "十一"黄金周的时间管理、旅游行程设计。

说明：7 天的时间不算长也不算短，无论是国内还是国外，无论是自由行还是跟团走，少量内容是随机、偶发的，大量内容是提前规划、设计好的，就看提前做的功课如何了。

3. 做上一个月的国内外重大事件的时间节点图。

说明：世界很大，信息很通畅，每天都有大大小小的事情发生，你最关心什么，什么就是重点。按照时间排序和对应事件来绘个简图吧。

4. 用鱼骨图解读一个项目，层层递进，逐级深入。

说明：如果你不在职，或者也不接项目，没关系，也可以用鱼骨图来呈现艺术作品，或者干脆分析一个公司、一个人、一条社会新闻。

5. 用象限图来区分昂贵、优质服务的五星级酒店和便宜、低质服务的小旅馆。

说明：象限图很简单，也很清晰，对于阅读者来说，没压力，很轻松。亚特兰蒂斯三亚酒店环境一流、服务最佳，但费用对普通人来讲也是天价。红星大旅店费用便宜，一晚才几十元，但没准是半地下，厕所还是公用的。抽取核心内容放在横、纵轴上，然后以不同象限来呈现。

案例 欣赏

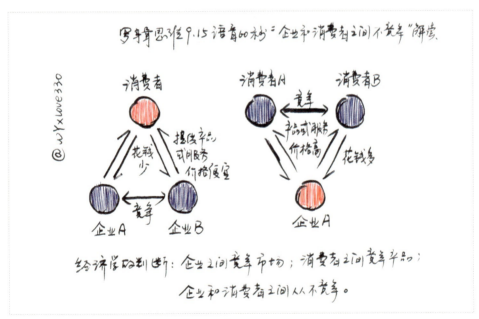

"企业和消费者之间不竞争"解读思维导图

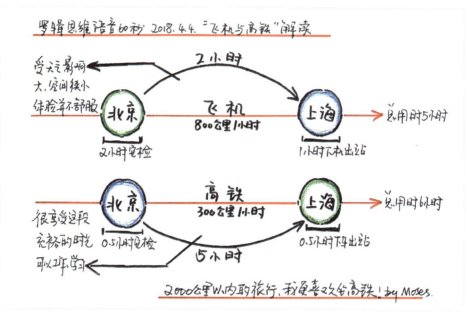

"飞机与高铁"解读思维导图

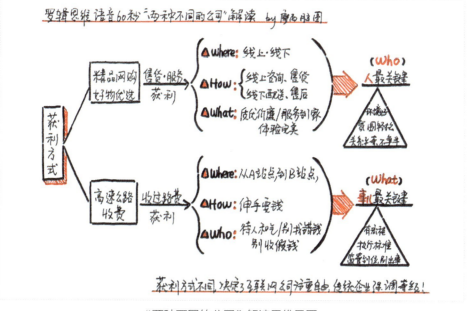

"两种不同的公司"解读思维导图

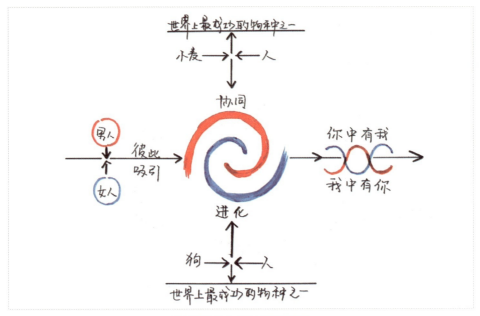

"协同进化"解读思维导图

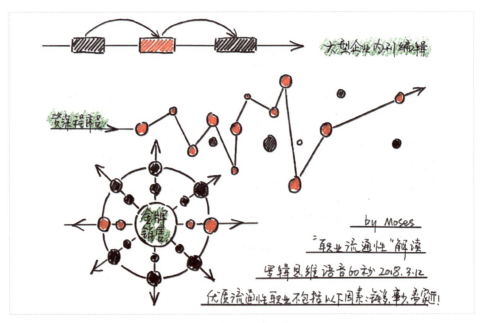

"职业流通性"解读思维导图

"有效沟通"解读思维导图

第六章

玩转学习

第一节 思维导图做笔记

　　思维导图因其高度的总结能力和超强的梳理能力而被经常用来做"笔记"。一个单元，一个章节，甚至整篇文章和整本书稿都可以用思维导图快速地记录下来。很多学生和职员都从中受益。不过在这里值得多用一些笔墨说明的是——现场笔记。

　　所谓现场笔记，就是在讲座现场将演讲者的分享内容用思维导图进行快速的记录和整理。我认为"现场思维导图笔记"对一些课件和演说的流程化记录是可以的，它类似于速录机和速记员的功能。其实早期的手写速记符号就非常像绘图，只不过他们有特定的反翻译方法，快速记录完之后，再重新争取一字不差地把文字稿"倒腾"回来。这种方式比较易操作，稍有不同的是，在原有记录的基础上进行适度的简化，以求跟得上演讲者的速度。这种流程化的思维导图记录如果达到同声传译的水平就厉害了，同传的速度和准确性必须兼备，还需要保证翻译过程中的信、达、雅。早些年，只有天资聪慧的人经过大量的练习才能胜任这样的复杂工作。而随着人工智能和大数据时代的到来，机器代替人进行同声传译已经走上了快车道。不久的将来，一个小小的芯片就可以帮你在极短的时间内获知世界上任何一种外族语言所表达的意思。

这种普通的流程化记录方式经过一段时间的训练后，就能接近"视觉记录"的效果，但在讲座中同步绘制一幅高水平的、能将作者的本意淋漓尽致地呈现甚至升华的思维导图，那就是一件极难的事了。

举例说明，知名的TED讲座国内外高手云集，18分钟时间虽然有限，但演讲者肯定做了精心准备。大量的数据和图表，一个接一个有趣的案例，各种缜密的、前后关联的逻辑关系，再加上较快的语速，视觉记录者即便再厉害，如果不消化、吸收，不梳理、筛选、排序，怎么成图呢？他说了一个太阳，你还要画圆形、明暗和光芒，画那么炫，哪里有时间把信息记录完整？画那么酷，核心思想哪里总结得出？最后，这图即便是画好了也不一定完美。演讲者琢磨了一个月的主题，组织了半个月的材料，一连编辑了三天，才呈现这么一个精彩的18分钟演讲，而想要同步画出高水平的思维导图，几乎是不可能的。人多数的思维导图都建立在多遍的阅读理解和信息的梳理、总结、提炼的基础之上，是阅读后、听读后的产物。功夫在其外，思维导图属于精细分析类绘图，不属于简单炫技类绘图。

未来世界，即便人工智能发展到很高水平，能替代同声传译和律师的工作，但对思维导图的绘制估计还是一头雾水。因为这里面有结构的搭建、前后关系的连接、深入的知识延伸，还有自己对文义的理解分析，这些都不是人工智能在短时间内能替代的，更不是在讲座现场他一边讲你一边画，最后他讲完你画完，把笔一丢，那么轻松与自在的。

因此，用思维导图做笔记，多听、多理解、多练手、多归纳总结和提炼，最后才能出好图。

下图所示为"吴晓波教你怎样读一本书"的思维导图，大家可借例领会所讲内容。

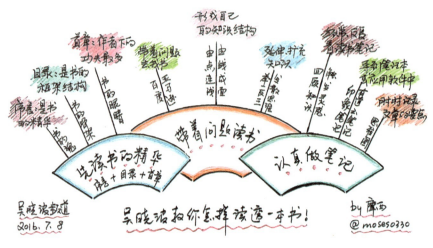

解读"吴晓波教你怎样读一本书"思维导图

1. 梳理结构

思维导图绘制之初需要把正文进行多遍的详读和深度理解,然后依照内容做合理的部署和安排:是总分结构,还是总分总结构;是结构松散的知识散文,还是层次严谨、逐级递进的科技论述……总之,都是有一定规律可循的。当然,书读多了,知识丰富了,眼界宽了,这种规律还是很容易捕捉到的。出版的图书毕竟要面对大众读者,晦涩、复杂的结构谁也不想看到。

2. 摘取精华

文章内容很多,有些一定要放进去,有些则知道、了解就行。重要的部分是一个一个的节点,它们串起整篇文章,彼此之间有着很强的关联性。当你复盘的时候,阅读其一,就很容易想起下一部分内容。

另外,"大咖"分享经验,准备的粗细程度不同,很难字字珠玑,句句都是关键，有重复的部分，有啰唆的部分，有突然和观众的小互动，有灵光一现调侃时事的小幽默……在你记笔记的时候，根据文义，有的要延伸，有的则要略去。

当然也有例外，有的重要的会议连标点符号都不能记错。万达集团的董事长王健林开会的时候，台下的高管们都竖起耳朵听，生怕漏掉一个字，这是为什么呢？一是王健林开会都是自己写稿子，从来不用秘书，所以不到会场上去听，谁也不会提前知道他今天要讲的内容。二是王健林开会要求特别严，对别人也对自己。严控时间，按分钟来计。所以他发言的内容通常每个字都很重要。当然了，只要是开高管会，肯定是集团有什么大举措，事情小不了，高管们也马虎不得。三是他所讲的内容里有很多重要数据，一不小心弄错是很麻烦的，所以与会者要竖起耳朵听。四是会后大家要分组讨论，要有针对性发言，可能会随时被点名，如果忽略了重点，在此时卡壳，可想而知会发生什么。

在万达听王健林开会是不是很紧张？因此，很多与会者要录音，如果不允许，那么掌握速记这一项技能就很重要了。

下图是对《成功演讲的奥秘》的语音进行整理和记录后的思维导图，大家可借例领会所讲内容。

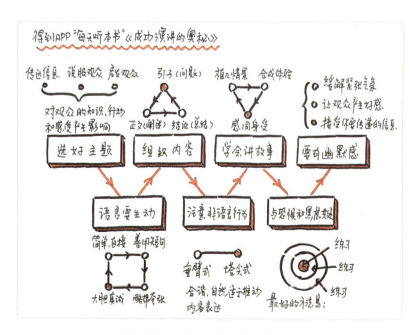

解读《成功演讲的奥秘》思维导图

3. 延伸和创新

延伸和创新是两部分，思维导图里的文字不多，但其中关联的内容蕴含的深意却异常丰富。对记录、分析和解读者来说，掌握使用方法非常重要。

先说延伸，如果你爱学习，每天都读书，大脑中就会充满很多知识点。虽然有时你感觉都忘了，但其实它们都隐藏在你的潜意识里，等待被唤醒，等待被使用，等待被连接。当你做笔记的时候，听到或看到一段内容，忽然联想到之前潜意识中存留的一段精彩描述、一幅影像截屏或一句名言，你可以把想到的这些都标注在上面。如果有时间，那么可以当时为之；如果时间太紧，就做个自己能看懂的标记，写上一两个字，待到整篇结束收尾、最后梳理检查的时候再丰富、完成。

比如，当我听到"经济体"这三个字时，突然联想到2017年阿里巴巴董事局主席马云在杭州万人年会上的发言。阿里巴巴也是个"超级经济体"，虽然它不是依照地域划分的，但足以通过互联网影响全世界。这些信息标注在旁边就非常实用。

做笔记，创新也很重要。有些分享者做足了功课，花费了大量时间去设计结构，理顺逻辑关系，逐字逐句地去打磨。但也有些分享者就只带了大纲，虽有一定想法，但很多内容还是靠现场发挥。更有些特例，本没有发言的想法，临时起意，或自告奋勇，或被人推拉上台做即兴分享。后两种激情有余，准备不足，难免在文章结构、遣词造句、承前启后的关系上稍有缺憾。那么对于现场笔记者来说，就要有这样的想法，同时也要具备这样的能力把这部分华彩补上，把这前后关系连上，把其中的小瑕疵改掉，令这篇思维导图解读笔记变得更加完美。

再创造，也就是创新，里面有绘图者灵魂的一部分，而它们的存在会有助于分享者的思想升华。

下图是对《金雀花王朝》的语音进行整理和记录后的思维导图，大家可借例领会所讲内容。

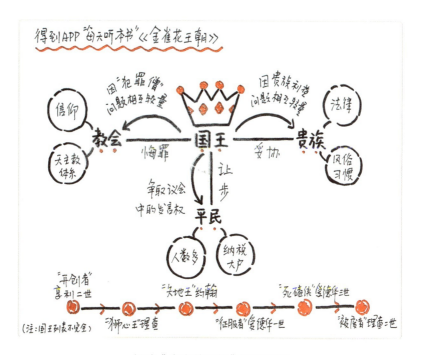

解读《金雀花王朝》思维导图

第二节 思维导图解读知识

1. 专业知识

经济发展，科技进步，每天都会有海量的信息产生，即便滤除杂质和糟粕，余下的信息也如潮水扑面，看也看不完。因此，我们要从中甄选出一些精彩的专业知识来解读，供自己学习使用，也可以分享给别人，如专业的金融知识、法律知识、经济学常识、科技知识等。

当然，解读专业知识，千万不要用原来平铺直叙的方法，可以通过思维导图将知识形象化、简约化，让大众更易识别，让人们更容易在短时间内看懂。

把一件复杂的事情讲清楚、说明白是需要功力的,绘制思维导图更是如此。造型、结构、关系、文字结合起来就会产生神效,通过一张图三分钟读懂经济、科技、艺术、人文是有可能的。在这个知识碎片化的时代,我们也要学会用更短的时间拼凑出精彩的人生。

右图所示为"禁脔效应"思维导图。

东晋建立初期,经济落后,物质贫乏。所食之物量少质粗,达官贵人也难吃到肉,视猪肉为珍品。每得到一头猪,他们便割下猪脖子上的一块肉,送给晋元帝。

他们认为,猪脖子上的肉肥美异常,是珍膳中的极品,只有晋元帝才配品尝,群臣百官都不敢私自享用,这种现象被时人称为"禁脔"。"禁"即禁止,"脔"即肉,禁止染指的肉,可以说是最美味的肉,是皇家专享的。

猪脖子底下的那块肉肥的多,瘦的少。现代人对口味要求高了,不一定觉得那是一等的美味。可是,品尝荣誉,体验美好,又怎不是大众消费者所追求的独特享受呢?况

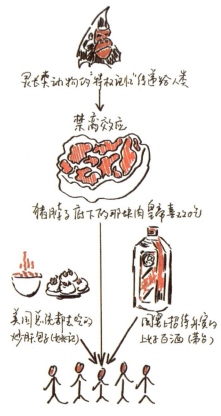

"禁脔效应"思维导图

且这还是从我们老祖先那里沿袭下来的"另类记忆"。如有机会品尝,简直就是天赐的福分。当然,味道在这里已经变成次要的了。北京鼓楼底下的"姚记炒肝"因美国副总统拜登曾前来用餐而声名大噪,每天慕名而来的食客把这里挤得满坑满谷。贵州茅台就更不用说了,国宴上招待外宾的上好白酒,很多消费者在自己的消费能力范围内去购买、品尝。"禁脔效应"加上杠杠的质量,给其市场发展带来巨大的机会。

2. 冷门知识

冷门知识，就是不常见的知识，一些偏门知识。当然，在我们熟悉的领域中依然有很多陌生的知识，或者是之前被我们误读的知识。学习创新思维导图的你有责任和义务将它们以新面貌示人。例如，"法人不是人""沉没成本不是成本"等，都属于这一类。

下面给大家举个例子，下图所示为解读"IP"的思维导图。

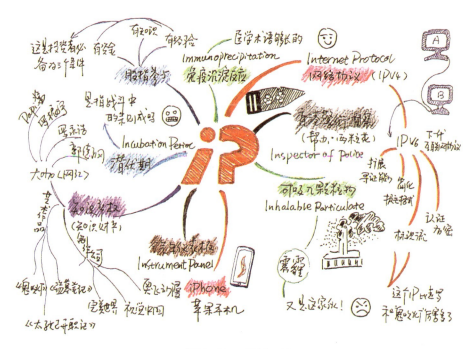

解读"IP"思维导图

事实上，你所知道的 IP 只是冰山一角，由于是外来简化英文，又是常见词简化，它可表示的内容太多了。

知识产权称为"IP"，Papi 酱和《鬼吹灯》也称为"IP"，可吸入颗粒物也称为"IP"，网络协议还称为"IP"，香港督察仍称为"IP"。这些 IP 纷乱复杂，记得住吗？没关系，选择自己认为有用、自己感兴趣的记。不过对于绘者来说，组织资料成图时，这些"冷门"知识就已经烂熟于心了。可见，绘图是个很好的学习知识的方法。

3. 新知识

新知识层出不穷，很多我们闻所未闻，它们是人类进步的智慧结晶。用思维导图记录和整理，既能激发创新，又能记录历史。

有些词看起来是新的，但实际上是由旧的内容组合而成的，如"喜大普奔"，就是"喜闻乐见、大快人心、普天同庆、奔走相告"四词重新结合后产生出来的新词，稍加理解，就能明白。

还有些词则是新创造出来的，如"生态化反"，这是乐视创始人贾跃亭创造出来的新词，意思就是生态企业的化学反应。乐视是一个生态链，链上的企业彼此作用会产生很多美妙的结果。他比拟得很形象，闭上眼，我们甚至能想象得出那个复杂又生机勃勃的"生态世界"。

当年一并喊出打造"企业生态链"口号的还有小米创始人雷军。他表达的意思和贾跃亭相似，但他做得更实际，还在具体经营过程中发明创造出来一些新名词，如"竹林效应"。

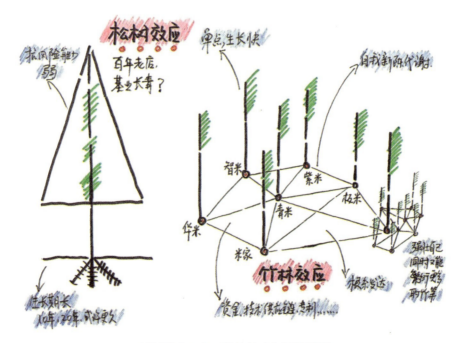

"松树效应"和"竹林效应"思维导图

如上图所示，小米生态链上的企业彼此互相连接，就像一片竹林共享着一组庞大的根系。如果一个新芽孵化出来，整个生态组织的庞大根系会源源不断地给它提供各种养料，让它尽快长大成熟。但如果其中的一个分支由于自然的变化衰败而死，也不会影响其他的竹子，而它自己还可以衍变成养料，通过互连的竹根去滋养其他的新竹子。

而松树，常绿树，自助生存能力强，即使在数十万亩的原始森林里也是单体生长，不像竹林那样彼此协同共助。松树的生长期很长，10年、20年，甚至几十年、百年、千年的都有。但是，单体的物种抗风险能力弱，不论动物还是植物。山火、雷电、飓风、动物啃咬、虫蛀……自然界未知的风险，让松树随时处于死亡的边缘。单体自生，成长速度慢，抗风险能力弱，就是松树最大的问题，此为"松树效应"。

在这个平台上，小米坚实的品牌、充足的资金、优秀的技术专家和职业经理人及成熟的渠道都可以给旗下的新生品牌赋能，让它快速发展起来。

小米生态企业利用"竹林效应"高速成长着，正朝着千亿公司迈进。

第三节　思维导图解读文章

1. 辅助阅读

互联网社会节奏快，现代人在紧张的工作和生活中，如果花上一两个小时踏踏实实读会书还是比较奢侈的。

在不计其数的文章中，有些文章篇幅较长，洋洋万言，阅读起来并不轻松。

有些文章内容较散，作者天马行空地讲了很多内容，特别是有些"大咖"实录的音频，天文地理、经济生活，时而内容关联，时而道理延伸，古今中外案例丰富。如果你没有很强的知识储备、纵横驾驭能力和一颗踏实学习的心，是很难保持良好的阅读状态的。

还有很多专业文章，特别是科技、经济、哲学、医疗等门类的，专业性较强，隔行如隔山，非专业人士无法在短时间内完全明白作者所讲述的内容。

鉴于上述三种情形，如果思维导图解读者将文中的知识消化吸收，然后用图形将文义重构，把清晰、通透、简约的逻辑关系画给观者看，在较短的时间内，如三五分钟，就能搞定一个复杂的道理或技术。

举个例子，《品牌建设的三板斧》是伏牛堂堂主、社群餐饮的创立者张天一写的一篇关于品牌建设的长文，为了更形象、更具体、更简单地呈现内容，便于读者阅读，我通读三遍文章后，完成了如下思维导图。

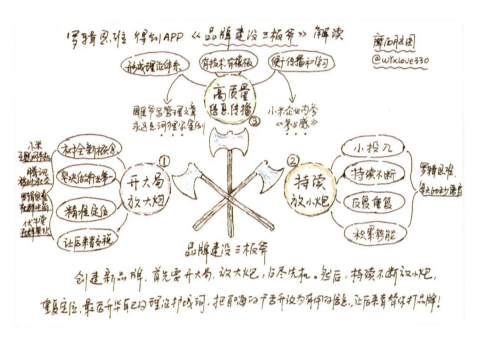

解读《品牌建设的三板斧》思维导图

中心图很形象，简单直接，在这里是：开大局，放大炮；持续放小炮；高质量信息传播。

第一板斧是"开大局，放大炮"。在一个领域里创业，定要争先做领军者，让后来人给你交定位税。什么意思？比如，雷军开创了互联网手机这个品类，在这个领域绝对是先行者。如果现在有人在雄厚资金的支持下，头脑一热也要做手机，别人问他，往什么方向走，做什么样式的手机，是如何定位的，他可能会说，我想做互联网手机。什么是互联网手机？就是像小米那样的智能手机。此刻，新进入者在无形中就给开创者做了宣传，给其定位的领域和产品交了所谓的"定位税"。你说，我不交可以吗？不行，因为这是新兴领域，你不这样说，不这样举例，投资人听不懂，用户不明白。

看到了吧，这就是开大局、一定要做行业第一的优势所在。当然这方面的例子还很多，如社群电商，"罗辑思维"是开创者；社群餐饮，伏牛堂占据了领先位置。

第二板斧是"持续放小炮"。为了让品牌立得更稳，要不断地给它蓄能。什么意思？就像你用一个小锤持续不断地敲一个悬挂起来的、数吨重的大铁球一样，一开始铁球纹丝不动，这会持续很长时间，时间长得让大部分人都失去了耐心。但如果你仍然不断地敲，慢慢地铁球就开始微微晃动，接着晃动的幅度会越来越大。到了某个时刻，它开始大幅度、高频率地摆动起来，力量之强，能量之大，令人震撼。这就是持续放小炮的力量。

最棒的例子还是来自"罗辑思维"。自成立的那一天起，罗胖儿就坚持每天早晨 6:30 发一段语音，时长 60 秒，掐得刚刚好，不多一秒，不少一秒。这个听起来容易，做起来极难。第一难，文稿自己写；第二难，刚好一分钟，这得录很多遍；第三难，每天早晨 6:30 起床发；第四难，也是最难的，一直死磕到今天。

记得刚出来那会儿，有很多效仿他的，也是每天发，在早晨或晚上固定的一个时间点。有人坚持了 10 天，有人坚持了一个月，但据我所知，没有人能坚持超过半年。

罗胖儿持续不断地放小炮，终于蓄积了极大的势能，引来了投资，上线了 APP "得到"，组织了三场跨年演讲，开了两场知识发布会。

第三板斧是"高质量信息传播"。要想建立自己的品牌，并具有一定的知名度，放大炮和持续放小炮都重要，但在此基础上形成体系，搭建自己品牌理论的护城河，并进行快速良好的传播也很重要。早期的小米通过网络社群传播，让"米粉"都参与到产品的设计、升级过程中来，黎万强写的《参与感》就详细地描述了这一过程。河狸家和雕爷牛腩的创始人孟醒（雕爷），是马云湖畔大学的第一期学员，会经营，文笔也不错，经常出席一些高端论坛。每次发表言论的时候，他都会带出自己的品牌，并以其为例现身说法。这样既讲了知识，又传播了品牌，还慢慢形成了自己独特的理论体系，这也是品牌搭建的很好例证。

总之，这篇数千字的述说管理方面的文章，我用一张图和大概三分钟的时间就带你阅读完了，你觉得如何？是不是还算清楚、简约和通透呢？用思维导图辅助阅读，深度学习知识，这个方法可以一试。

2. 扩展阅读

从 0 到 1 是创新，如青霉素被发现；从 1 到 n 是发展，过程其实更难、更关键。刚开始被发现时，小剂量的青霉素对治疗人的疾病几乎没有作用。后来，更多的专家、学者、护士、医生参与其中，大规模地培养青霉素，它才在战场上起到了治病救人的作用。

阅读文章、学习知识也是如此。作者也是人，千万别指望文章看完，通篇都是金玉良言，满纸字字珠玑。有些文章洋洋洒洒万言之巨，但能给你启发的也许只是其中一个章节，甚至只是一句话，就看你能否关联出更多的内容来。吴晓波老师说，他阅读《从 0 到 1》时觉得彼得·蒂尔的写作笔法一般，文章读罢并没有给人那种拍手称赞的感觉，倒是题目这四个字，震撼人心，从 0 到 1，从没有到创造，这是何等的气魄。一看这题目，就会让你联想到精彩变化的世界，一个个鲜活的样例浮现在眼前，这就是扩展阅读的妙处。

再给大家分享一个案例，还是来自"罗辑思维"的"语音 60 秒"，这段语音的内容很短，主要是帮一个中国台湾作家的写作培训班做宣传。语音中简单描绘了写文章的妙法，主要是七步：设立目标、遇到阻碍、努力抗争、结果不佳、意外发生、出现转折、最后结局。看罢文章，我有疑惑，没有实例对照，很难把这个理论理解消化掉。刚好那时我正在山西晋中旅游，太原、太谷、祁县、平遥一路走过去，感受百年前晋商的辉煌。在乔家大院游览时，红灯、高墙、黑漆大门让我瞬间产生联想，思绪一下子就飞到了张艺谋导演的电影《大红灯笼高高挂》

上。这是以苏童的小说《妻妾成群》改编的电影,讲的是一个女学生嫁到富贵人家,在诸多力量的影响和打压下不断抗争的故事。

我回忆了整个故事的叙事过程,试着把关键节点和这位作家所教的写作方法进行互联,结果还真的全都契合。

巩俐扮演的大学生颂莲初嫁到陈府,她给自己立了目标,就是想在这里占有一席之地。但府中势力众多,她遇到重重阻碍。几房太太明争暗斗,丫鬟雁儿也对她充满了敌意。她想,不能这么下去,得努力抗争,于是想出了一个在老爷面前争宠的办法——假装怀孕,以吸引老爷的关注,让自己的房间高挂长明灯。但后来这个"心思"被丫鬟雁儿识破,并告发了她。结果,她惨遭封灯。性格倔强的她不想就这么浑浑噩噩地过下去,她得让意外发生。于是她将雁儿私藏旧灯的事说出来。以下犯上,罪不能赦,雁儿知道自己理亏,但又不肯屈服,于是含恨自杀。颂莲心地良善,致人于死本不是她的初衷,于是在这里情节发生转折。她在一次和大太太、二太太吃饭的过程中,心神恍惚,无意中说破三姨太私通医生的秘密。故事的最后结局很悲惨,秘密被揭开,三姨太受到严惩,被勒死在阁楼。颂莲知道后,人立刻疯了,自己的命运悲惨不说,还牵连两命。小人物不过是大家族的点缀,没过多久,陈府又来了新姨太,老爷又一次当起了新郎,陈府又高挂起了红灯。

好的文艺作品情节都是一波三折、起伏跌宕的,忽上忽下间让观众的心也随之剧烈跳动。在特定场景下,被唤醒的电影《大红灯笼高高挂》所呈现的情节和台湾作家要讲的写作方法简直不谋而合。为了简约、清晰、通俗易懂地迎合七步之法,在绘制思维导图时我采用了仿北斗七星的造型结构,点位符合,又起伏跌宕、形象生动,于是一个由点、线和简约文字构成的图就出来了。

如下图所示,无须更多讲解,相信大家通过这部电影,沿着这幅"北斗七星图"很快就能明白作家教给大家的写作方法。将一个招生广告扩展出如此多的内容,这就是用思维导图扩展阅读的妙处。你学到了吗?

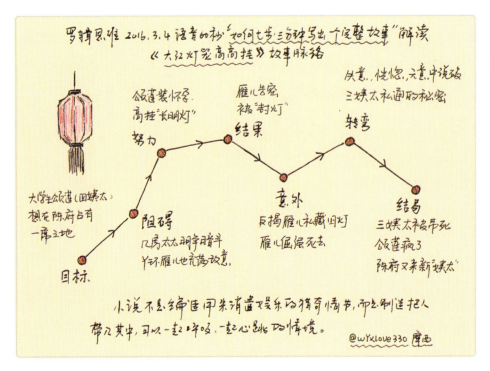

"如何七步三分钟写出一个完整故事——解读《大红灯笼高高挂》故事脉络"思维导图

3. 实用阅读

大部分人读书如同看电影，看过了，唏嘘感叹过了也就罢了。

小部分人读书比较仔细，有些甚至做了笔记，而且还消化吸收了。如果问他，他也能一套一套地说出内容来，这样做比较有意义。

只有更少部分人读书时会把自己带到书中去，体会书中人物的喜怒哀乐，感受书中情节的波澜壮阔，还会将其中有价值的内容直接应用在工作、学习甚至生活中。这种体验式阅读和实用性阅读才是真正有价值的阅读。

例如实用知识点五感设计。这个方法一般都用在工业设计、分析事物上，通过人的五感（视觉、听觉、味觉、嗅觉、触觉）来完善产品的功能。之前我们举过"面条"的例子，既形象又生动。当然了，一辆汽车，一台电饭煲，甚至每年都更新换代的手机，如果都能从五感设计出发，把其中一项或者几项做到极致，那么这个产品的综合体验一定会很好，销量也一定不错。用简约的象限图将方法细化，能很容易地举一反三，产生丰富的联想，完善产品或者做出更好的选择。

这个方法已经很强大，但如果仅仅固化在一个领域，那么就"埋没"了它的伟大。实际上它可应用的场景极多，变化衍生的样式也极多。

生活场景中，街边的星巴克咖啡店也是"五感设计"完美应用的一个代表。它的标志招牌、店面软装、场景布置、颜色搭配、背景音乐、墙壁招贴、店员服饰、实用器材等，无一不彰显着"五感设计"的完美应用。

和麦当劳金黄、明亮的颜色不同，星巴克的绿色独树一帜。无论是在人潮鼎沸、色彩斑斓的购物广场，还是在古色古香的文化街，它的颜色都是既亮眼又和谐的。店中皮质或布制的沙发、木色或铁质的椅凳、墙上的软木板、食品柜、操作台、侍者的绿围裙等，看起来都非常舒服。

当然还有嗅觉系统的营造。未进门时，在街角处也许就能闻到美式咖啡的浓香。进门后，味道更加醇厚，心情顿时放松了很多。如果小饿，还有刚出炉的奶香面包可以享用。在星巴克发展的早期，店里是不允许销售三明治的。因为当初星巴克创始人舒尔茨觉得三明治中酸酸的奶酪味严重影响店里现磨的美式咖啡的浓香，无论它销售得多好，也不允许出现。"让三明治滚出星巴克"是当时他面向一帮高管喊出来的最粗鲁的话。不过，话说回来，星巴克刻意营造的独特嗅觉系统，绝对是其他品牌的咖啡店难以企及的。

听觉系统的创设，星巴克做得也可圈可点，当然这并不是星巴克的专利。无论你是去酒吧、咖啡馆，还是热闹的超市，都有应时应景的音乐在等待着你。有时是舒缓的钢琴曲，有时是轻柔又具有异域风情的小野丽莎的嗓音。而星巴克对于听觉系统的营造，简直是登峰造极，甚至成立了专门的唱片公司，做了一张又一张或古典或流行的音乐唱片。

还有味觉系统的营造，在星巴克吃过美食的朋友都知道，味道真心不错。星巴克极少做推广，咖啡一杯一杯地出，面包和蛋糕一块一块地卖，凭的是好味道、好服务、好体验。如果不好吃、不好喝，后两个"好"也就无从谈起，更别提成为美国商业史上影响力最大的公司了。

在触觉方面，骨瓷的咖啡杯、柔柔的卡布奇诺泡沫、圆滑的桌边和椅角、软皮沙发……几乎触摸到的每一处，都能让人感觉到匠心的存在。

餐饮行业的五感设计或五感营造，我们感受真切，那么其他领域呢？是不是也有更精彩的样例呢？下面我们来看新加坡航空公司的"五感设计"，细读后你会发现，这里面的五感设计，有的扬，有的抑，两者相得益彰。

机场候机大厅人来人往，行李车被高频使用，车轮在与地面接触时会产生较大噪声，人的听觉系统就会受到很大影响，舒适度不高。于是，机场对行李车的车轮进行改进，减小了其与地面的摩擦，即使成百上千辆行李车在候机大厅中同时移来动去，分贝也很小，做得相当不错。

视觉、味觉和嗅觉系统方面，我们再来看天上。空姐高挑美丽，是一道靓丽的空中风景。一般航空公司，特别是国际航班，做得都不错，但新加坡航空公司做了创新，他们让知名设计师重新设计了空姐的制服，将新加坡的民族特色和当地风情融入其中。无论是初次踏上新加坡的土地，还是带着满足离开新加坡，笑容满面、身着民族服饰的空姐总会给你不一样的感觉。

另外，飞机在万米高空飞行，人们的嗅觉系统和味觉系统易发生些微变化。为了给顾客提供更好的服务，航空公司特别改造了乘机环境，喷洒了浓度适当的香水，能使乘客的紧张情绪得到一定的舒缓。另外，航空公司也特别烹制了在高空环境下使味蕾产生变化的美食，这种体验简直好极了。

你看，用思维导图进行实用解读，就是将知识消化吸收、举一反三的过程。实际应用后，这段知识就完全属于你了。

第四节 用思维导图拆书

如果书的内容比较多，少则几万字，多则几十万、上百万字，书中时空纵横交错，人物成百上千、各具特色，那么解读起来难度颇大。准确快捷的方法是：先围绕书的中心思想将内容精缩、提炼，然后再进行结构化梳理，仔细拆解、分析和呈现；再从粗糙到具体和形象，并落笔成图；最后附上自己总结的观点，把自己带入其中。如果能扩展延伸出解读的实际应用，就更棒了。

具体步骤如下。

1. 通透阅读

首先是对书籍的通读。过去的经典作品往往字数很多，有的甚至是作者耗费毕生心血完成的鸿篇巨制，如《红楼梦》，作者批阅十载，增删五次。面对这等著作，我们要心存敬畏，悉心读之。还有《三国演义》《西游记》《水浒传》，无一不波澜壮阔，信息满满。没有通读，里面的意思怎么能分辨得清，中心思想怎么能抓得住？

读书就像登山，困难很多。在山脚你很难看到云雾缭绕的山顶。面对厚厚的一本书，在阅读之前难免产生畏难情绪。幸运的是，书籍一般都有索引和目录，先浏览索引和目录这种方式很棒，就像你在空中俯览一座城，大大小小、方方面面都能看到。

书籍索引像是一条清晰成结的绳索，沿着那一个个节点，无须多久，就能抵达你所期待的彼岸。

开心阅读吧，一旦开始就没那么难了，你的阅读力会令自己惊讶。我三天读完了马伯庸的《长安十二时辰》上、下两册；两天读完了菲尔·奈特的《鞋狗》；一天读完了吴晓波老师花了五年时间写成的《腾讯传》。虽不是一个字一个字地精读，但从头到尾看得也算细致。阅读完毕，浮想联翩，握笔的手开始痒痒了。《长安十二时辰》情节精怪离奇、起伏跌宕，估计早有人盯上要将其改编成电影或热播剧了，《鞋狗》《腾讯传》也正合我胃口。我为每部书都做了九图分析，枝枝透骨，干干到位。另外，还有一本书令我感受颇深，即《众病之王：癌症传》。下图是对《众病之王：癌症传》的解读。

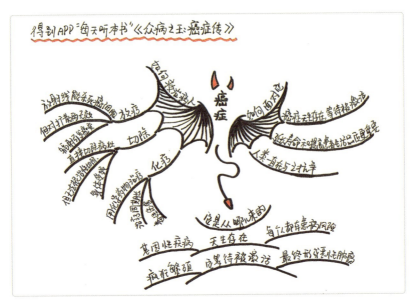

解读《众病之王：癌症传》思维导图

2. 内容精缩

现在的书籍，只要不是连载的长篇网络文学，读起来都会轻松很多。现代人的生活节奏快了，每天接触到的信息多了，被其他事情挤占的时间太多，所以为了适应这种现实情况，当下出版的书籍字数一般都不会太多，8万～10万字的不算少；20万～30万字的就算多了；上了50万字，对于现在的人来说，应该就算个大部头了。

虽说书的厚度减少了不少，但是文中的内涵一点也不少。戳戳点点数万言，都要通透阅读、反复阅读。不然，有些冷门的知识不易理解，有些散乱的要点不好归纳，有些深藏的核心内容挖掘不出来。

于是，现在不少知识平台对经典好书都采取了精缩大法。

这些平台在行业内寻求一位极好的阅读者，如资深编辑或知识大家，通过他（她）对文章的理解，深化文章的内涵，然后进行知识再造，把一个更加轻松的、精简的、贴近日常语态的文章呈现给读者。

而读者可以利用碎片时间将这完整的浓缩知识消化吸收，同时还能保持轻松愉悦的状态。如果问他书的中心思想，他能准确地提炼出；问他核心的事件，他对答如流；问他书中的金句，他也能脱口而出几句。就这样，在有限的时间里，读者依然高效地阅读了大部头读本。"得到"APP中的"每天听本书"栏目、"喜马拉雅FM"的"听书"栏目、"樊登读书会"的"听书"栏目，都是这种提供轻知识、好知识的平台。

有了这样将精华提炼出来的平台，我们用思维导图解读文章就简单多了，但下一步也许对我们来说更为重要。

3. 结构梳理

文章通读以后，要进行结构梳理，先参考书前目录。如果你觉得目录的逻辑关系不够清晰，或者缺憾较多，也可自己归纳总结，顺便开始画草图。

文章的先后顺序、起承转合、形意分散、首尾呼应、相互关联等都需要关注。在通览阅读后，一遍一遍地画，一遍一遍地修正，文章的结构走势、逻辑关系也越来越明朗。

结构梳理的过程对我们来说并不是很复杂，我们在上中学的语文课时就已经经历过无数次了。这里需要你做的，就是伴随这样的并列、总分、分总、总分总、对照和递进的文字结构形式，来搭建形象展示的图形架构，是平行两列内容无限延长，还是三角式循环闭合，各自呼应；是阴阳太极般相互对称，还是台阶状层层上溯，直至顶端？总之，平日积累下来的创意模板和成图小样，在这时都可以发挥大作用。

4. 逐级成图

这是个综合的过程，包括无数次草稿、N次修改和最终成图的过程。有的时候，碰到自己熟悉的领域，读到自己心仪已久的作家的作品，我们的解读状态就会来得快一些。可能一放下书，三五分钟草图就出来了，并且有模有样，到最后成图的时候需要修改的内容都不多。这个状态，我有过。

当然，很多时候并没这么轻松，有的要按常规方法再度梳理一下文中的重要节点。在此过程中，手中的笔就开始在纸上戳戳点点。一遍结束后，草图小样已基本成型，这有赖于长期的积累和练习。

还有的时候，看罢了文章，通过网络扩展了阅读，头脑里仍然没什么思路，怎么办？去干点儿别的事，让想法在大脑里飞一会儿，折腾一会儿，酝酿一会儿。其间，你感觉好像忘记了这回事，但实际上大脑还在转，心里还在想。等忙完了一天的事，晚上坐在书桌旁，静静地整理一下白天堆积的内容，开始落笔成图。这时候，手底下倒顺畅多了。

当然，你还会多次推倒重来。例如，头天画得好好的，整张图就放在那儿，看着也有模有样。但过了两天，你突然看到一段评论、一张照片，听到一节议论，觉得自己的图画得草率了。如果那个地方增加一点，这个地方删减一点会更完美，于是你安坐在书桌旁又重新画了一张。

下图为解读《零售的哲学》思维导图，表现了经过精心梳理、逐级成图的效果。

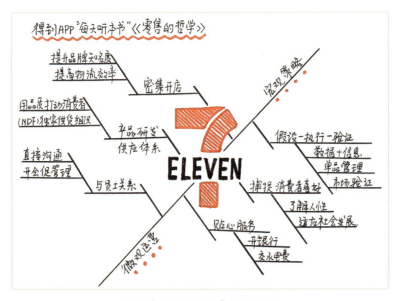

解读《零售的哲学》思维导图

5. 总结观点

企业前辈张瑞敏喜欢读书，品种杂且数量多。他的读书心得也与众不同，他主张读书时要把自己放进去，在书中特定的环境和背景之下，让自己成为其中一个角色，随着人物一起体会喜怒哀乐。遇到与人物同样的问题，先问问自己要如何解决。这种实际应用型的读书方法使他受益匪浅。

由于背景、阅历和读书习惯的不同，如果读书时遇到和自己不熟悉的场景和情节，我们很难一下子进入状态。不过，没关系，这实属正常。但总结一下作者的观点，重申一下文章的中心思想还是很有可能的。

有的观点落笔异常明确，因为在文中不止一次地被提及；到最后情节达到高潮时，观点即使不总结读者也能看得出。通常结尾会有一两个金句，提醒大家记住了，别忘了。

有的情绪弥散在文章中，越到结尾越飘散，最后好像都模糊了。当然这也许就是作者希望达到的境界。不过，如果你能以作者的视角，最后来上一句点睛之笔，还是挺不错的。

金句短促有力，让人过目不忘，有的警醒，有的励志，有的充满力量，有的柔中带刚，有的最后成了大家刷朋友圈的经典。

观点的总结，在一张成熟的解读思维导图当中是必要而且重要的。

下图为解读《巴比伦最富有的人》思维导图。

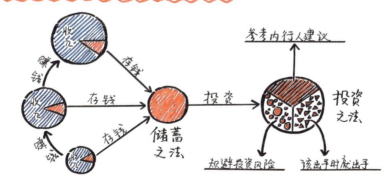

解读《巴比伦最富有的人》思维导图

第五节　用思维导图解读音频、视频

在互联网技术如此发达的今天，每天海量的影音信息充斥着大屏、小屏，如何将有价值的内容记录下来并为己所用呢？我们可以通过记录信息—简图关联—筛选和提炼—初期搭建—最终成图—审核与校对六个过程来完成。

首先要确定一下这类影音信息都包括哪些，一般可分为以下三类。

1. 音频内容

移动互联网上有很多综合知识平台，里面有大量的知识音频可供我们随时随地学习，如"喜马拉雅FM"上的"每天听见吴晓波""秦朔朋友圈"；"蜻蜓FM"上的"矮大紧指北"和"冬吴同学会"；"得到"APP平台上以薛兆丰为首的数十位"大咖"的订阅专栏；还有"荔枝微课""千聊""橙子学院""插座学院""馒头学院"等。不过，现在是知识付费的时代，其中绝大部分知识音频需要花钱购买才能收听。

2. 各种视频讲座

樊登企业版的"一书一课"，腾讯、网易、优酷等网站的网课视频，从十几分钟的短视频到几个小时的长视频都有，这就需要我们从海量的信息中找到自己心仪的、有价值的内容来收看。

3. 各种现场讲座

各种机构和社团组织的活动、高峰论坛，甚至专业的TED演讲——"大咖"就在你面前，和你的直线距离不过十几米，他的一举一动你都看得清清楚楚。他有文本，有PPT，当然也会有很多临场发挥的部分，需要你快速记录期间的大部分内容。

处理以上三类信息，我有相似的方法和相同的套路。其中，在实际场景下记录演讲内容，信息量大而杂，无条理，时间紧迫，成图最难，我们以此为例。

第一，快速记录信息。无论是主题演讲还是峰会发言，大师们分享的时间都是有限的。因此，你要在这有限的时间内尽快地记录信息，尽量多地记录信息。当然，在记录过程中，你可以利用演讲者和观众的互动时间和中场的休息时间，来对刚刚记录的内容进行同期整理和初编，为之后的"统编"打好基础。

第二，简图关联。同步记录要关联前后信息的时候，可以用附着的简图来表现，目的是省时间、做简化。例如，大师说了一堆话，本意就是从 A 到 B 的发展变化，那你可以将 A、B 都圈起来，然后用一个箭头相连，上面简要写变化过程。如果这时还有 C 加入，那就再画一个圈，再引一个箭头，再进行标注。有点像早期职业秘书或记者都会用的蝌蚪文似的手写速记符号。不同的是，速记符号只有他们内部人才知道每个圈、线、点、钩对应的是什么意思。而我们自己画的这些结构化的小简图有着理解上的共通性，我们自己明白，阅读者也清楚。这类简图的模板样式无穷无尽，有相当多的模板都有人在使用，还可以在此基础上进行微调整，进行创新。总之，形成用它来做记录的习惯就好。

当然，很多时候时间紧张，你未必能一下子搭建好合适的逻辑关系。这时，就很有必要让思绪在空中飞一会儿，去记录其他有用的信息。等到完成后，再去延伸、扩展、关联、分解、汇合、承接等。

不要即刻形象化，信息的快速整理和记录与语言翻译的同传还不是一回事。这种记录、分析、解读的"信息同传"会更难一些，将文中前后内容串联起来，融会贯通，非即时能为也。再说了，很多专业"大咖"的演讲内容是精心设计好的，花个把月甚至是一年的时间来进行打磨，里面的逻辑关系很复杂，道理也精深，怎么可能在讲座的同期就让你把它梳理清楚并形象地画出来呢？如果真的是成图了，也是流于表面，是"流水账"，是"拉大车"，是"乱搭积木"。自己消化还可以，给旁人看，会带偏方向的。

第三，整理、筛选和提炼。分享结束，讲座听完，信息也满满记录了几页、十几页甚至几十页。这个时候要做的就是内容的整理、筛选和提炼。全部听完，同步记录，这时的大脑里会有一个大致框架，要以这个框架为基础，把记录信息中重要的节点筛选出来，放置在头脑中的虚拟架构里。

当然，最佳的时间就是第一时间，即刻整理，这时的大脑活跃度最高，很多讲座中的热词、金句、引起满堂彩的例子都还在你的脑海里，自己在记录过程中的理解也还停留在脑海里没有忘记。这时，需要尽快把它们都呈现出来，它们是你解读思维导图的重点。

当然，如果现场拍了视频、录了音，甚至有演讲者的 PPT 就更好了——回听、复听、补充和修正你第一遍记录的不足。

将整理好的信息放在自己眼前。当然，最棒的方法是，你有一块很大的白板或者整面白墙供你使用，你写满了文字的即时贴都可以贴上墙。有一个平展的大桌子也行，不过你要站起来，居高临下地看。

如果什么都没有，并且场地很紧张，那就利用好你的笔记本，放大你头脑中无限大的桌布吧，也能起到一样的效果。

这感觉像什么呢？用一个任何人都能看得懂的例子吧，毕竟这在我们的生活中很常见。

假如你要盖一座房子，水泥、砖块、钢筋等这些原材料都要在一旁放好，以备随时使用；水、电、道路等这些基础资源得齐备；塔吊、升降机、推车、电焊等建筑设备要齐全；设计师、各种机车司机、建筑工人、安防人员等人员得随叫随到。

都齐整了，开始吧！

第四，初期搭建。重新拿一张纸，设计一下成图方式，尝试着把刚才整理提炼的信息和组合的关系都放进去，并且要有头有尾、生动形象。内容应该没问题，但要做得生动形象就有点难了。这需要你在造型上有创意，成图上有想法。例如，你想用一个中心图来突出核心思想，那这部分就得认真刻画，即便是草图。如果你想设计一个流程的结构来表现递进的关系，外围发散，内部收敛，再通过一点放出去，等等，就都需要在这个时候把它做成型。

第五，最终成图。到这个环节，就是效果的展示。画的图如果是给自己看的，我会直接用钢笔写字，油彩笔绘色，最终成图。如果是在讲座中应用的，我会先打铅笔稿，然后上面用钢笔写字，用油彩笔、马克笔或彩铅涂色，最后再把铅笔笔迹擦除。如果是用于商业、要在媒体上发布的，我可能在这遍稿完成后，再精细绘制一版，线会画得更直，颜色会涂得更匀，会认真用正楷书写文字，甚至加上标题，总结一个金句，使之生辉。

第六，审核与校对。普通、自用的作品，没有太高标准，保证有清晰良好的记录就可以。

群内分享，朋友圈交流，会考虑展示的效果和美感。成图后，我至少要有两遍自审。

下图所示为一幅经过我仔细自审和修改后的思维导图。

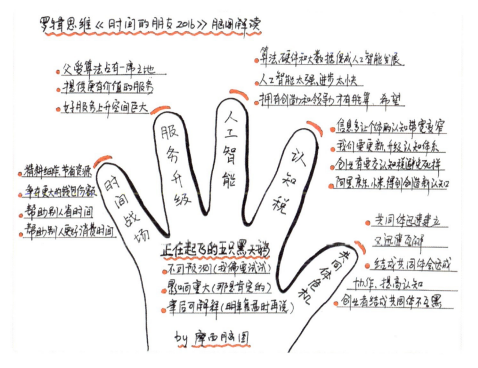

解读《时间的朋友2016》思维导图

如果是正式的商用作品，除了自审之外，还有群审、负责人审核、合作方审核三关。下面一一详述。

第一关是自审，是最严格的。造型、结构、关键语句、逻辑关系、错别字等，一个都不放过。作图者要对自己狠一点，才能拿得出手。如果商业用图在作者三次自审后，放到群里很快被打回，那么问题就比较严重。我们会怀疑这个阶段你的创作力减弱或审美缺失，需要回炉再造，重新搭建。

第二关是群审。自己作品的某些问题，自己未必看得清楚，所以可以将作品放到共享群里让大家帮着审。这时，通常一堆问题会出来，即便做得再精细也是如此，粗糙的就更别提了。自己那关过了，大家没过，证明你严重自恋或者水平太低，赶紧推倒重来吧。

第三关是团队负责人审。如果群审通过了，这关一般都会过，领导不会和你一直较劲，主题、大方向正确就可以。当然也有群体弱智的时候，就是大家审题都跑偏，立意出现了一边倒的情况，在这一轮被推翻重来的情况，也有。

第四关是合作方审。如果是按照既定标准来做的商业图，应该很快就能通过。当然有时也因为稿件的版本不同，出现语意理解错误，配图风格可能不太适合这批读者等大大小小的问题。没什么好说的，既然是合作方要求，那就修改或重新画。

自测 练习

1. 解读一个专业名词，金融、科技、文化的都可以，如"沉没成本"。

说明：先得搞清这个名词的真正含义，并借助互联网关联更多的内容。另外，加入自己的分析，然后尽量形象、简约地把它呈现出来，能让读者在三五分钟之内看明白最佳。推荐用"拆分法"。

2. 解读上学时你学过的一篇经典文章，如《狂人日记》。

说明：如果觉得复杂，《荷塘月色》也行。总之，多遍通读、加深理解后，搞清文章结构，考虑用怎样的样式呈现，做草稿小样，最后正稿成图。标准是一定要给读者留下深刻的印象。当然，用传统博赞式思维导图，着力体现一下中心图也是可以的。

3. 解读近期读过的一本书，如《人类简史》。

说明：解读整本书是个大工程，多遍阅读是必须的；一个简约的结构、一条清晰的脉络、一个独特的视角也是必须的；其他的参考解读文章之法。

另外，书籍的目录和索引可以帮助你迅速了解文章结构，但只是参考，内容还是要自己去读的。

4. 解读任意一节你感兴趣的 TED 演讲。

说明：经典的演讲之所以经典，是因为作者在演讲文稿上下了大功夫，展示的内容前后呼应、承上启下，逻辑关系层层递进。需要仔细听、认真地记笔记，通篇完成后再分析。也可用八爪鱼图跟着记录信息，再用创新思维导图全景呈现，这样就对了。

案例 欣赏

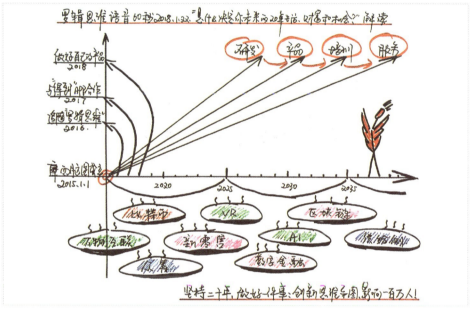

"是什么决定你未来 20 年的生活、财富和机会" 解读思维导图

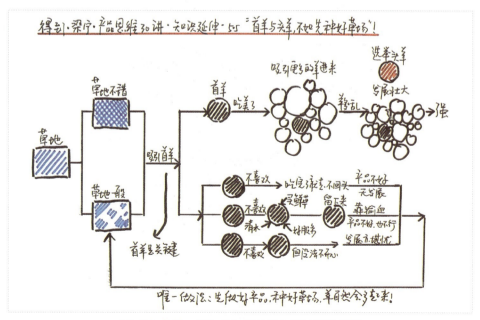

"首羊与头羊，不如先种好草场" 解读思维导图

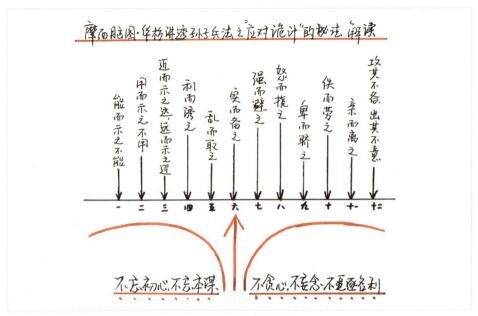

孙子兵法之"应对诡计"的秘法解读思维导图

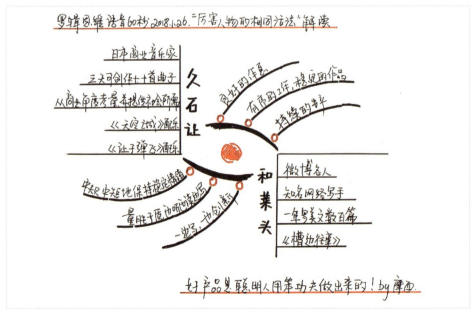

"厉害人物的相同活法"解读思维导图

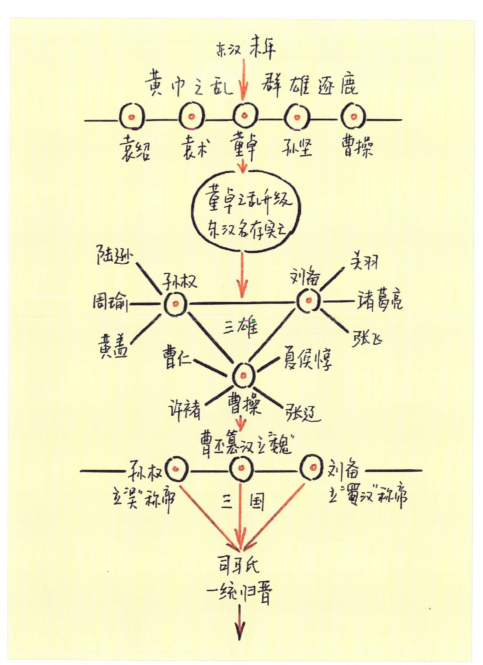

东汉末年三国形势解读思维导图

后记

我以前是个耐力很差的人，中学时的 1500 米长跑测试总是不过关；职场中面对困难时选择逃避，频繁地跳槽。在相当长的一段时间里，感觉生活糟透了，学习和工作都没有动力。

现在，每天的手绘思维导图让我领会了死磕的难，也品尝到了在一点的基础上精进后获得新知的喜悦。

我以前是一个墨守成规的人，思考事情总是一条线，看待事物总是非黑即白。创新思维导图拓宽了我思维的边界，让一件平凡的事有了无数个解决方案，让一件复杂的事有了清晰的抵达路径。

我现在养成的习惯是：看到什么都想画一画，即使手头没有纸和笔，也会在大脑中梳理细节，将之成型。现在参加头脑风暴，提供的方法越来越多，点子也越来越新奇，当然最终的结果也越来越完善。

我一路学习一路总结，也一路分享，感谢思维导图的创始人博赞老先生，是他为我点燃了心灯；感谢罗胖儿，他虽然胖，但也把我拉起来了，一起死磕长跑，让我收获颇丰；感谢我合作中的同路人，我与他们大都亦师亦友，因为钟爱思维导图，我们走到一起，共同精进与成长，喜乐与分享。

未来，我会做得更多，死磕创新思维导图，永远在路上！

摩　西